*bon temps* 風格生活×美好時光

# 紅茶的一切
## ——紅茶迷完全圖解指南

作　　　者　河寶淑、趙美羅
攝　　　影　金學里
譯　　　者　林芳仔
總 編 輯　曹　慧
主　　編　曹　慧
美術設計　比比司設計工作室
行銷企畫　林芳如
出　　版　奇光出版／遠足文化事業股份有限公司
　　　　　E-mail: lumieres@bookrep.com.tw
　　　　　粉絲團：https://www.facebook.com/lumierespublishing
發　　行　遠足文化事業股份有限公司（讀書共和國出版集團）
　　　　　http://www.bookrep.com.tw
　　　　　23141新北市新店區民權路108-2號9樓
　　　　　電話：（02）22181417
　　　　　郵撥帳號：19504465　戶名：遠足文化事業股份有限公司
法律顧問　華洋法律事務所　蘇文生律師
印　　製　成陽印刷股份有限公司
二版一刷　2024年2月
定　　價　400元
I S B N　978-626-7221-42-6　書號：1LBT4043
　　　　　9786267221440（EPUB）
　　　　　9786267221433（PDF)

歡迎團體訂購，另有優惠，請洽業務部（02）22181417分機1124、1135
特別聲明：有關本書中的言論內容，不代表本公司/出版集團之立場與意見，文責由作者自行
承擔

國家圖書館出版品預行編目（CIP）資料

紅茶的一切：紅茶迷完全圖解指南＝Almost everything of
the tea／河寶淑，趙美羅著；林芳仔譯. ~ 二版. ~ 新北市：
奇光出版，遠足文化事業股份有限公司, 2024.02
　　面；　公分
　　譯自：
　　ISBN 978-626-7221-42-6（平裝）

1.CST：茶葉　2.CST：飲食風俗　3.CST：文化

481.64　　　　　　　　　　　　　112020052

線上讀者回函

# 紅茶的一切

*Almost*

*Everything*

*of the Tea*

## 紅 茶 迷 完 全 圖 解 指 南

河寶淑／趙美羅 著　金學里 攝影　林芳伃 譯

深夜入睡前喝一杯溫熱的紅茶暖全身，
感受茶傳遞的樸質且多情的幸福。

# Almost Everything of the Tea

目次 Contents

## 5 紅茶的另一個世界，加味茶

## 6 令人愛不釋手的紅茶茶具

## *Part Two*
# 紅茶與文化

## 7 紅茶產地之旅

## 8 紅茶歷史之旅

## 9 紅茶文化之旅

## 10 有趣的紅茶常識 …… 238

前言

談論「茶」，通常最先聯想到的是綠茶，但其實紅茶才是世界上飲用人數最多的茶品。紅茶最初是從東方傳到西方，之後才在西方世界綻放，演變出如今華麗的紅茶文化，並成為世界性的飲品。

　　韓國的紅茶產量從1980年代開始超越綠茶。在60~70年代的茶館、西餐廳裡，優閒地喝著放了幾顆方糖的紅茶，是許多人共同擁有的青春回憶。時至今日，許多人都喝過紅茶，但是第一次接觸的紅茶，可能是自動販賣機販售的冰紅茶，或是立頓、康寧等沖泡茶包。甚至有些人去咖啡館喝咖啡，在菜單中看到大吉嶺、阿薩姆、烏巴等常見的紅茶種類，仍感到很陌生。

　　一直到近幾年，紅茶迷人的茶湯色與香氣，再次走入我們的生活中。對於講求健康及養生的現代人來說，紅茶可以說是最棒的飲品。各大百貨公司裡，典雅又具設計感的茶罐整齊排列，販售著來自世界各地的知名品牌紅茶。甚至有許多紅茶專賣店如雨後春筍般展店，販售來自印度、斯里蘭卡、中國等世界知名的頂級茶葉。近幾年韓國國內的瓷器公司及陶藝家們也紛紛設計並推出各種美觀別緻的紅茶茶具組，想買沖泡紅茶的茶具，除了世界知名瓷器品牌以外，有更多選擇。除了咖啡館之外，更出現許多專賣紅茶的現代茶館，走進去，點一杯紅茶，搭配店家特製的司康、蛋糕、可頌、馬卡龍等茶點，就能享受優閒的午後時光。

　　無論是簡單就能沖泡的茶包紅茶、充滿花香或果香的加味紅茶，或是用華麗茶杯盛裝更顯品味的高級陳年紅茶，讓我們用紅茶來豐富日常生活吧！

　　首先本書將帶你了解紅茶的基本知識，幫助你提升選購好紅茶的眼光。接著請熟記書中介紹的各種紅茶沖泡方法，學會如何將紅茶獨特的魅力充分釋放，沖泡出專屬於你的紅茶。除此之外，本書中也針對各大產地的紅茶特性詳盡解說，再搭配關於紅茶的歷史與文化、有趣的小故事，相信你與紅茶相伴的時光，會變得更加趣味盎然。

*Part One* 紅茶生活

# Tea Life

ABOUT TEA

1

# 從茶樹到製作紅茶

紅茶是用什麼做的？怎麼做的？
跟綠茶、烏龍茶有什麼差別？我買的紅茶的特性是什麼？
一起來了解午茶時光品嘗的紅茶是如何誕生的吧！

## 用茶葉製作茶

tea 1-1

　　我們喝的茶，原料是茶樹的葉子，不論是紅茶、綠茶、烏龍茶，都是使用同樣的茶樹葉製成，並沒有分紅茶樹、綠茶樹或是烏龍茶樹。各式茶品的風味截然不同，並不是因為使用了不同的茶樹葉，而是取決於各種茶品的製茶方法。以植物學來看，茶樹屬於山茶科中的常綠植物，學名為Camellia Sinensis（L.）O. Kuntze。

ABOUT TEA

　　茶樹原產於中國雲南省，在西藏高原與中國南部之間。生長區域主要分布在南緯30度至北緯40度之間的熱帶和亞熱帶地區。目前以中國、印度、斯里蘭卡、非洲、東南亞、台灣、韓國、日本等地為主，在世界各地廣泛栽種。茶樹的生長條件為年平均溫14～16℃，最低溫-5～6℃以上，年降雨量1500毫米左右。早晚溫差大的高原及丘陵地區，生長的茶樹更能製作出香氣濃郁且品質好的茶葉。

　　茶園通常會將茶樹修剪維持在大約1公尺的高度，以方便採摘新芽。野外自然生長的茶樹則可生長到10公尺以上。

## 茶樹品種

　　茶樹的品種依照葉片大小，分為阿薩姆種和中國種。阿薩姆種茶樹又稱為印度種，葉片較大，末端尖銳，葉脈紋路立體且葉面粗糙，在印度的阿薩姆及尼爾吉利、斯里蘭卡等產地廣泛種植。

　　中國種茶樹的葉片較小，末端圓鈍，葉脈平滑且葉面帶有光澤。與阿薩姆種相比，中國種茶樹的樹葉顏色比較深，且更耐寒。代表產地為中國祁門、印度大吉嶺、台灣、韓國、日本等地。

12-15cm

4-5cm

阿薩姆種

*Camellia sinensis var. assamica*

大多用來製作紅茶。葉子大小約為中國種的兩倍大，葉脈紋路立體且葉面粗糙。葉子末端呈尖銳狀，顏色偏淺綠色。在寒冷地區無法生長，在熱帶地區的強烈陽光照射下，才會形成單寧酸，產生紅茶獨特的澀味。

6-9cm

3-4cm

中國種

*Camellia sinensis var. Sinensis*

葉脈平滑且葉面帶有光澤，葉子大小約為阿薩姆種的一半。葉子末端較圓鈍，顏色偏深綠色，較為耐寒。中國種茶樹除了適合製作綠茶外，也會用來製作成紅茶，例如：大吉嶺和祁門，就是使用中國種茶樹製成的高品質紅茶。

＊ *Clonal*：中國種與阿薩姆種的雜交種

## 🌿 茶葉的大小

　　茶樹依據葉片的大小，可以分為大葉種、中葉種、小葉種。中國東南部、韓國、日本、台灣主要種植葉片較小的小葉種。印度及中國南部主要種植大葉種。

　　中國系的茶樹屬於耐寒的溫帶種，適合用來製作綠茶。阿薩姆系的茶樹屬於熱帶種，雖然不耐寒，但是葉面大，有較大的面積能吸收強烈的直射光線，黑色素含量高，有助於氧化發酵，最適合用來製作紅茶。

NO. I
TS. 449
T. 2142

| 1 | | |
|---|---|---|
| 2 | 3 | 4 5 |

1＆2 茶籽育苗（有性繁殖）

3 扦插培育（無性繁殖）

4＆5 樹苗

## 🌱 茶樹的成長過程

### ❶ 繁殖 Propagation

◇ 茶籽育苗（有性繁殖）

從種子開始培育的方式。播種後，蓋上稻梗，經過3～5個月，發芽成苗後，製作隔離帷幕，防止樹苗曝曬在強烈陽光下。

◇ 扦插培育（無性繁殖）

使用扦插法培育的方式，直接將植株培育至生根，再移植栽種。比起茶籽育苗更簡單方便，但是扦插植株對於病蟲害的抵抗力比較弱。大約培育9個月後，即可移植到茶園種植。

### ❷ 樹苗 Seedling

培育樹苗。水分、土壤、溫度等皆需控制在合適的生長條件。

### ❸ 移植 Transplantation

　　樹苗成長到一定程度後,移植到茶園。種植滿5年,茶樹成長穩定後,才可以正式收穫採摘。

▲ 移植好的樹苗
◀ 移植

### ❹ 茶樹 Tree

　　一般約30～50年的茶樹採摘到的茶葉品質最好。

　　茶樹種植超過50年之後,會開始老化,茶葉品質也會越來越糟,需要連根剷除。茶樹剷除後的空地,可以種植檸檬香茅,兩年後將檸檬香茅砍掉,做成堆肥,增加土壤養分。

▲ 老化的茶樹根

▲ 檸檬香茅

▲ 茶樹　　▼ 修剪

⑤ 修剪 Pruning

修剪，以增加茶葉的生產量。

◇ 輕度修剪 light pruning

為了增加生產量，每1～2年需要進行輕度修剪。

◇ 深度修剪 deep pruning

每5年一次深度修剪，將茶樹細枝都修剪掉，只留粗枝，使茶樹再生。

◇ 台刈 Stumping

50年以上的老茶樹，其枝幹都已嚴重老化，要使茶樹恢復以往旺盛的生長力，必須將離地約6-9公分以上的枝幹都割除，使新枝從基部重新生長，此種修剪稱為台刈。台刈後的茶樹，需要幾年的時間使茶樹生長穩定，才可以進行採收。

## Tip

### 有機農法

牛糞、土、香蕉樹混合發酵，製作成礦物質豐富的優質堆肥。這種天然肥料撒在茶樹周圍，可以改善土質，增加土地保水力，防止土壤侵蝕。

1 2 | 3

1 輕度修剪
2 深度修剪
3 台刈

# 紅茶、綠茶、烏龍茶有什麼差別？

茶有許多種類，其中的紅茶又是如何分類的呢？一起來了解吧！

茶的分類方法有很多種。依照製茶方法分為綠茶、烏龍茶、紅茶，是最基本的分類方式。若只探討紅茶，可以用產地區分為阿薩姆、錫蘭、大吉嶺、肯亞等。若依據紅茶是否經過混合或添加其他食材調味，則可分為純紅茶Straight、調配茶Blending、加味茶Flavoured。除此之外，紅茶還可以依照製作工法分為傳統製茶工法Orthodox以及現代製茶工法CTC。

## 依據製茶過程的發酵程度分類

依照製茶工序的差異，大致上可以分為綠茶、烏龍茶、紅茶三種。為什麼使用同樣的山茶科植物，卻能做出味道和香氣都截然不同的三種茶品？這其中差異就在於製茶過程中的發酵程度。

紅茶並不是以微生物發酵，而是依靠茶葉汁液與氧氣接觸，產生的氧化作用而發酵，就像切開的蘋果與空氣接觸會氧化變色的原理一樣，氧化越久顏色越深。經過發酵作用，茶葉從黃褐色變為黑褐色，因此紅茶的英文稱為Black tea。綠茶是生葉採摘後，直接殺青、揉捻、乾燥，不進行發

| | | |
|---|---|---|
| 綠茶 | 綠茶湯色 | 沖泡後的綠茶茶葉 |
| 烏龍茶 | 烏龍茶湯色 | 沖泡後的烏龍茶茶葉 |
| 紅茶 | 紅茶湯色 | 沖泡後的紅茶茶葉 |

酵,完成的茶葉仍帶有原來的綠色。烏龍茶屬於半發酵茶,發酵程度介於綠茶與紅茶之間。

　　紅茶雖然屬於完全發酵茶,但是大吉嶺及努沃勒埃利耶等高山地區所產的春茶(first flush),為了使其展現透亮的茶色及清甜的香氣,只經過短暫發酵就直接乾燥了,因此雖然是紅茶,卻擁有近似於白茶或綠茶的茶色,缺點是茶葉容易變味,不容易長久保存。

中國、亞洲地區飲茶文化以綠茶及烏龍茶為主，而且發展至今已有久遠歷史；歐洲、美國、俄羅斯等地區則是以紅茶為重心，發展出紅茶文化。東西方的飲茶文化差異，不只是因為東西方人喜好不同，也因為各地飲食習慣、氣候等許多因素，不同地區的人經過數百年來的適應與選擇，漸漸發展出符合各地的飲茶文化。

## 依據產地的紅茶分類

產地的環境與氣候條件造就紅茶的特性。

想將各種紅茶的魅力都充分展現出來，最重要的就是要先了解各個產地紅茶的特點。全世界主要的紅茶產地有中國、台灣、印度、斯里蘭卡、印尼、非洲等，這些地方各自有哪些代表性的紅茶？又有什麼特性？一起來看看吧！

| 產地 | 名稱 | | 特性 |
|---|---|---|---|
| | 中文 | 英文 | |
| 印度 | 大吉嶺 | Darjeeling | 口感新鮮清爽，濃郁的麝香葡萄香氣 |
| | 尼爾吉利 | Nilgiri | 口感輕盈，香氣淡雅 |
| | 阿薩姆 | Assam | 口感濃厚，麥芽香氣 |
| 斯里蘭卡 | 努沃勒埃利耶 | Nuwara Eliya | 口感清爽，花果及青草香 |
| | 汀普拉 | Dimbula | 口感微澀，玫瑰香氣 |
| | 烏巴 | Uva | 口感清爽，柔和的薄荷香 |
| | 康提 | Kandy | 口感微澀，香氣柔和 |
| | 盧哈娜 | Ruhuna | 濃厚深韻，煙燻香氣 |
| 中國 | 祁門 | Keemun | 蜂蜜般的甜味，蘭花香 |
| | 正山小種 | Lapsang Souchong | 煙燻香氣，甜味 |
| | 滇紅 | Yunnan | 回甘的甜味 |
| 台灣 | 紅玉 | Hongwe | 深韻，肉桂香氣 |
| 印尼 | 爪哇 | Java | 溫醇的口感及香氣 |
| 非洲 | 肯亞 | Kenya | 口感清爽，淡淡的蘭花香 |

# 紅茶是怎麼做出來的？

## ｜A｜ 傳統製茶法

紅茶製作的流程是先將茶葉採摘好，放置一段時間後萎凋，再揉捻出汁液，此過程可以促進樹葉與空氣進行氧化作用，開始發酵。茶葉發酵完成後，進行乾燥，就是我們購買的紅茶茶葉。

目前印度和斯里蘭卡的紅茶工廠都已經機械化，從生葉到製成紅茶大約只需要16～18小時。但是生葉的採摘，現今大都還是需要以人工作業。所以我們在超市輕輕鬆鬆就能買到的紅茶，其實都是南國茶園裡的採茶工人辛苦地一點一點採集製作而成。

## ❶採茶 Plucking

　　採摘固定大小的茶葉。採摘的茶葉大小差太多的話，萎凋及乾燥的時候，葉片的水分含量會不平均，很難製作出高品質的紅茶。正統的茶葉採摘方式，採摘茶樹頂端最嫩的「一心二葉」，都是採茶工人親手採摘，一點一點收集而成。

△ 採茶 Plucking

## ❷ 萎凋 Withering

　　採摘好的茶葉送到工廠，第一個製茶步驟就是將茶葉放入萎凋機中萎凋。萎凋機的構造主要是一層架高的金屬網子，下方兩端有風扇可以讓自然風或暖風通過。新鮮生葉平鋪在萎凋網上，厚約30公分，自然風或暖風從下方吹拂，使葉片中的水分蒸發，慢慢地變軟，達到萎凋的效果。

　　萎凋的過程要將茶葉中的水分蒸發掉40～50％，用暖風吹拂大約需要8～14小時。

▼ 萎凋 Withering

### ❸ 揉捻 Rolling

　　茶葉萎凋好，放入揉捻機中揉捻。揉捻可以破壞茶葉的細胞及組織，使樹葉中汁液流出，汁液中的多酚、果膠、葉綠素與空氣接觸氧化後，即可產生發酵作用。

　　揉捻好的茶葉下一步會通過揉切機（Rotorvane），機器中有轉輪，可以將茶葉揉切成小顆粒狀，使更多汁液流出，促進氧化發酵。之後茶葉會被輸送帶傳送到傾斜的鐵網上，經由震動鐵網的方式，使茶葉平均分散，增加與空氣的接觸面積，充分氧化發酵。

揉捻 Rolling

▲ 氧化發酵室 Oxidation Fermentation Room

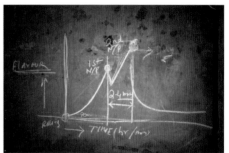
▲ 氧化發酵圖 Oxidation Fermentation graph

## ❹ 氧化發酵 Oxidation Fermentation

　　經過氧化發酵後，原本綠色的茶葉會轉變成紅褐色。氧化發酵分為自然發酵及強制發酵。自然發酵是將揉捻好的茶葉平鋪在發酵室裡的發酵臺上，茶葉的堆疊厚度大約4～5公分，使茶葉能與空氣接觸自然發酵。為了促進氧化發酵，室內條件要控制在溫度25℃，濕度80～90%，使茶葉發酵20分鐘至3小時左右。強制發酵則是將茶葉鋪在專用的發酵磁磚鋪面上，下方設有加熱器，可以透過提高溫度，加速氧化發酵。相較於自然發酵，強制發酵可以大幅縮短發酵所需的時間。

　　茶葉的氧化發酵程度會因為每天溫度、濕度的變化有些微影響，因此這個環節在紅茶製作過程中，最重要的部分，通常會由經驗豐富的工匠負責，依照經驗及感覺判斷此階段的各項條件控制及管理。

▼ 不同氧化發酵程度的茶色變化

### ❺ 乾燥 Drying

　　發酵好的茶葉經由輸送帶送入機械化的乾燥機中。乾燥機中有熱風吹送，茶葉在輸送帶上移動時，慢慢被烘乾。促進發酵的茶葉汁液被烘乾，就可以停止茶葉繼續發酵。乾燥好，就是我們沖泡的紅茶茶葉。乾燥好的紅茶含水量必須低於5%，保存時才不容易變質壞掉。

▲ 乾燥 Drying

OXIDATION
AFTER 40 Minutes
DISCHARGED FOR
DRYING

▲ 傳統製茶的乾燥方式

## ⑥ 包裝 Packaging

　　烘乾好的茶葉要先靜置降溫，再送到加工室進行篩檢，去掉多餘的枝節、纖維質，並依照等級或形態進行分類，最後再包裝。包裝材料通常選用鋁箔或紙類，以隔絕濕氣。

▲ 包裝 Packaging

## |B|CTC製茶法

　　CTC製茶法是由1930年代英國麥克徹（W. Mckercher）研發並設計的近代製茶技術，必須使用叫做CTC的特殊滾輪機。此機器具有切碎Crushing、撕裂Tearing、捲曲Curling三種功能，以這三種功能的英文縮寫命名為CTC。生茶葉萎凋並揉捻好之後，送入CTC製茶機中，機器中的二個不鏽鋼滾輪以不同速度運轉，達到切碎、撕裂及捲曲的功能，滾軸上有紋路，可以破壞茶葉的細胞壁，其紋路呈斜線形，在撕裂過程中同時將茶葉捲曲成顆粒狀。

　　此製程結束後，後續步驟與一般茶葉相同，經過氧化發酵、乾燥，包裝成為我們沖泡的紅茶茶葉。目前全世界大約有50%的紅茶都是以CTC工法製作而成。

　　CTC製茶技術普及後，大幅縮短了紅茶的製造時間，製作出的紅茶品質穩定，湯色及香氣鮮明，而且價格低廉，促進即沖飲品市場的快速成長。

## CTC製茶法　阿薩姆地區Amalgamated plantations茶園

採摘茶葉 ► 萎凋（蒸發30％水分。若用100Kg的生葉，萎凋後大約剩70Kg ► 揉切機2分鐘（破壞細胞壁）► 通過CTC製茶機30秒（機械齒輪由大至小，經過三個階段 ► 震動分散18秒→氧化發酵45分鐘～3小時（依溫度決定所需的發酵時間）► 烘乾20分鐘 ► 分類

完成的CTC紅茶會依照顆粒大小，分成8個等級。

CTC紅茶的8個等級順序（BOPL為顆粒最大，ED為顆粒最小）

```
1       2       3        4     5    6    7    8
BOPL -  BOP  - BOPSM  -  BP  - PF - PD - D - ED
```

SPECIAL TEA

2

找到我最喜歡的紅茶

RADING

進入紅茶專賣店，你一定會驚訝紅茶種類怎麼這麼多！
紅茶包裝上令人不解的等級標示到底代表什麼意思？
一大堆紅茶，有的依照產地分類，有的依照季節分類，到底該怎麼挑選？
首先帶你了解各種紅茶的特徵及個性，從基本的等級分辨，
到熟悉精品茶和季節茶的基礎知識。建立好專屬於自己的紅茶挑選基準。
接著帶你了解紅茶評鑑的方法，學習如何判斷紅茶個性，
再用不同個性的紅茶進行調配，製作出專屬於自己的調配茶。
挑選紅茶的大小事，本章將一次告訴你。

# 紅茶的身分證
## ——等級

　　購買紅茶的時候，常常會看到包裝上寫FOP、OP、FBOP等英文字母，這就是代表紅茶等級的標示。這個等級標示不適用於綠茶及烏龍茶，只限定紅茶使用。透過這個等級標示，就可以知道這包紅茶的茶葉片的大小、形狀，以及使用哪種加工方式製作。

　　紅茶的等級標示雖然不能直接代表紅茶的優劣，但是可以透過等級標示去推測茶葉的品質。舉例來說，標示中有F，代表的是Flowery這個單字，表示此茶葉具有花香，而嫩葉才會帶有天然的花香。因此能以此判斷這是用品質不錯的生葉製作而成。但是實際的茶葉品質還是需要透過品評，鑑定茶葉的味道、香氣、湯色才能了解。

◆ 依照生葉的部位分類

茶的特性不只取決於製茶工法，使用的茶葉大小及部位也會影響茶葉的特性。

使用的生葉以什麼大小、部位為主，製作成的紅茶其色、香、味都有所不同。越高價的紅茶，生葉中樹尖嫩芽的含量會比較高；使用的嫩芽少、大葉多，製作出的紅茶等級就越低。

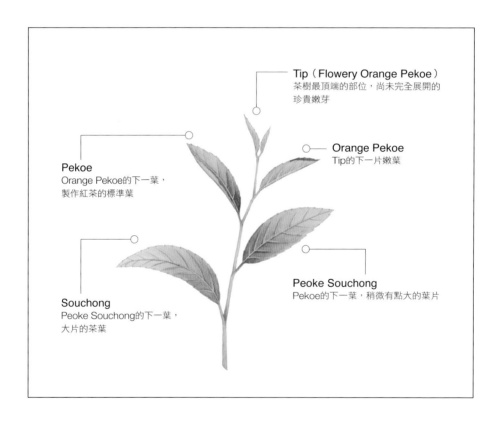

Tip（Flowery Orange Pekoe）
茶樹最頂端的部位，尚未完全展開的珍貴嫩芽

Orange Pekoe
Tip的下一片嫩葉

Pekoe
Orange Pekoe的下一葉，製作紅茶的標準葉

Peoke Souchong
Pekoe的下一葉，稍微有點大的葉片

Souchong
Peoke Souchong的下一葉，大片的茶葉

## ⊕ 紅茶的基本等級（依產品形態分類）

| | | |
|---|---|---|
| 全葉形茶葉 | FOP | Flowery Orange Pekoe。帶有嫩芽才有的獨特花香，故以Flowery標記。嫩芽含量高。茶葉長度約10～15公釐。此等級常見於阿薩姆及大吉嶺茶。 |
| | OP | Orange Pekoe。茶葉形狀細長而捲曲。嫩芽含量高。茶湯色鮮亮。此等級常見於印度茶。 |
| | P | Pekoe。為Orange Pekoe的下一等級，茶葉呈長條狀並有厚度，長度約5～7公釐。茶色濃郁而深沉。茶味較強烈，帶刺激性。 |
| | S | Souchong。語源來自中文的「小種」。葉片圓鈍且厚實。沖泡出的茶湯色較淺，但是味道具有刺激性。 |
| 碎葉形茶葉 | BOP | Broken Orange Pekoe。OP茶葉切碎後，透過震動篩選出大小約2～3公釐的碎茶葉。嫩芽的含量高。茶味溫順但濃郁，茶湯色橘紅且透亮。此等級常見於斯里蘭卡茶。 |
| 細碎葉形茶葉&粉末形茶葉 | BOPF | 比BOP更細碎的茶葉，大小約1公釐。茶的味道濃郁而強烈，很適合用來製作奶茶。 |
| | F | Fannings，篩選BOP茶葉時，掉落下來，比BOPF更小的碎茶葉。茶湯色深沉，味道濃澀。 |
| | D | Dust，篩選BOP茶葉時，掉落下來，最細碎的茶葉，呈粉末狀。茶湯色澤暗沉且混濁。澀味濃烈，通常用來製作沖泡奶茶或製作成茶包。 |
| CTC茶葉 | CTC | 不屬於茶葉等級，而是指使用CTC製茶法製作而成的紅茶。製好的紅茶呈顆粒狀。此製法常用於印度阿薩姆及肯亞的紅茶。 |

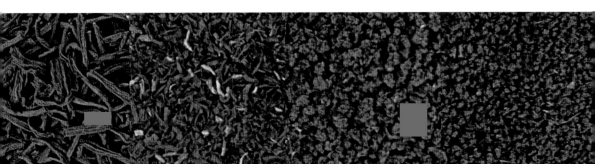

紅茶的等級區分方式並沒有統一的標準。全世界生產紅茶的國家有印度、中國、斯里蘭卡等,每個國家再細分成不同的生產地區,每個國家或地區的等級區分方式會有差異,甚至同一產區的不同紅茶工廠,其等級區分方式也可能不同。因此,所謂的紅茶等級標示,只是用來判斷茶葉的大小、形態的代號,並不能決定紅茶品質的好壞。一般來說,嫩芽含量越多的紅茶,價格越貴,因為高等級的嫩葉都是人工手摘,而低等級的茶葉大多使用機器採收。

製作完成的紅茶,可以依據形態區分為全葉形茶葉Whole Leaf～Leaf Grade、碎葉形茶葉Broken、細碎形茶葉&粉末形茶葉Fannings & Dust、CTC茶葉,再依據茶葉大小順序,可以再細分成8種類。除此之外,有的等級標示會再加上TIPPY(包含較多嫩芽)或GOLDEN(包含較多金毫芽)等單字,用以強調其茶葉特性。

## OP全葉形茶葉

### OP（Orange Pekoe）

雖然名字裡有Orange，但是跟柳橙一點關係都沒有。相傳是以荷蘭奧倫治拿索王朝Orange-Nassau命名而來。而Pekoe這個詞，源自於中文的「白毫」，原本是指有細絨毛的嫩芽葉，演變至今已與原意無關，成為紅茶等級用字，用以代表全葉形茶葉的形態。

OP等級紅茶以印度大吉嶺或阿薩姆茶最具代表性，茶葉的長度約10～15公釐。使用的生葉中，含有許多嫩芽（Tip）。沖泡出的茶色呈現清透的橘黃色。

### P（Pekoe）

為Orange Pekoe的下一等級，茶葉呈長條狀，長度約5～7公釐的長形全葉茶。使用比Orange Pekoe更有韌性的生葉製作。

### PS（Pekoe Souchong）

使用成熟的生葉製作，葉片比Pekoe更粗糙、堅韌。與Pekoe等級相比，茶香、茶色、茶味都比較淡。S（Souchong）等級則常見於煙燻類中國紅茶，如：正山小種紅茶。

### BOP碎葉形茶葉

#### BOP（Broken Orange Pekoe）

OP全葉形茶葉切碎後，篩選出大小約2～3公釐的碎葉茶。雖然是碎葉茶，但是是用品質好的茶葉切碎而成，並不是劣等茶葉。反而因為粒子小，成分能更快速且充分釋出，而成為其特點。與OP全葉形茶葉相比，BOP碎葉茶更能在短時間內充分萃取出紅茶特有的微澀及香氣。斯里蘭卡生產的紅茶大多以此形態為主，更成為斯里蘭卡高品質紅茶的代名詞。碎葉茶除了可以使用茶壺沖泡，也可以製作成茶包，或是熬煮印度奶茶，用途廣泛。與全葉茶相同，頂級的BOP碎葉茶也可以在等級標示前面增加強調特性的單字或代號，例如：TGFBOP等。

#### BP（Broken Pekoe）

P（Pekoe）全葉形茶葉切碎而成的碎葉茶。屬於中等或中下等級的碎葉形紅茶。

#### BOPF（Broken Orange Pekoe Fannings）

比BOP碎葉茶更細小的茶葉，大小約1公釐，萃取時間只需要極短的1～2分鐘，就沖泡出一杯口感濃郁的紅茶。常被用來熬煮印度奶茶或是製作成茶包。

#### F（Fannings）

茶葉大小與BOPF等級差不多，大約1公釐左右，從外觀上比較難區別。若用同樣的時間沖泡，F等級的茶葉沖泡出來的茶，比BOPF等級的茶色更深，澀味和濃厚感更強烈。一般BOPF和F等級的茶葉都通稱為細碎茶茶（Fannings），但是認真比較的話，BOPF等級的紅茶香氣更充足，特性也更加鮮明。

#### D（Dust）

紅茶中顆粒最小的粉末形茶葉。為篩選BOP或BOPF碎葉茶時，掉落下的茶葉粉末。若是篩選高品質的BOP碎葉茶時落下的粉末茶，因為沖泡出的茶湯顏色深濃，味道豐厚，價格會比一般粉末茶昂貴，並製作成優質的茶包。

# 特別的紅茶——
# 精品茶 & 季節茶

## ｜A｜金毫、銀毫

位於茶樹頂端，約1～2公分大小的針狀嫩芽，稱為「毫」（TIP）。4月左右大吉嶺首摘茶（First Flush）的嫩芽，或是7月份斯里蘭卡烏巴的嫩芽就屬於這一類的金毫或銀毫。因為採收期非常短，芽葉很幼嫩，採茶及製茶的過程，幾乎都無法用機器替代，因此產量非常稀少。這樣珍貴的茶葉，標示其等級時，會在OP（Orange Pekoe）之前，再加上Flowery（F）、Golden（G）、Tippy（T）等單字或簡寫，用以表示茶葉中包含更多嫩葉、新芽，例如：FTGFOP（Fine Tippy Golden Flowery Orange Pekoe）代表的意思是「含有許多優質金黃嫩芽且具有花香的全葉形茶葉」。為了尋求茶葉的差異化，有時也會出現一些令人匪夷所思的附加用語。

### ✤ 金毫、銀毫

用毫芽製作的紅茶，會因為採摘時節或製茶工法不同，在顏色上有些微差異。毫芽沾染上茶葉汁液，若呈現淺褐色中帶有金黃色時，稱為金毫

（金芽）；帶有白色或灰色時，稱為銀毫（銀芽）。使用金和銀來稱呼，就可以知道有多珍貴。然而這種茶的味道，若是給對紅茶味道不敏感的人喝，可能會覺得太清淡。這種夢幻紅茶用熱水沖泡後，茶湯顏色不濃，香氣是淡淡的甜香中，帶有像是曬乾青草般的氣味，茶味雖然沒有特別鮮明的特性，但是口感清爽並有回甘的餘韻。金毫、銀毫紅茶因為產量非常稀少，所以價格高昂。最近更有些大吉嶺的茶葉公司會將金毫和銀毫當作紅茶商標，很容易令人混淆，以為販售的就是珍貴的金毫或銀毫茶。

其實在大多數的紅茶裡面都有毫芽。仔細看OP全葉形的大吉嶺或阿薩姆茶葉中，就有許多灰色或金色的芽葉。一般的生葉採摘都是以一心二葉為標準，其中的一心就是毫芽，所以大多數的紅茶都含有毫芽。

就算是BOP碎葉形的斯里蘭卡紅茶，雖然已經切成細碎狀，但是毫芽的含量也很多。毫芽的作用是在紅茶中添加一股隱藏的味道，讓紅茶具有柔順、優雅的風味。

FOP以上的等級，一般由各茶園或販售茶葉的公司在FOP前面自行添加強調用的修飾語。其基本意義通常大同小異。

金毫　　　　　　　　　　　　　　銀毫

| 修飾語 | 等級 | 意義 |
|---|---|---|
| GFOP | Golden Flowery Orange Pekoe | 使用採收初期帶有金黃色嫩芽的茶葉製成的紅茶 |
| TGFOP | Tippy Golden Flowery Orange Pekoe | 金毫含量比較高的紅茶 |
| FTGFOP | Finest Tippy Golden Flowery Orange Pekoe | 含有大量嫩芽 |
| STGFOP | Silver Tippy Golden Flowery Orange Pekoe | 含有大量銀毫 |
| SFTGFOP | Special Finest Tippy Golden Flowery Orange Pekoe | 比FTGFOP含有更多嫩芽 |
| SFTGFOP1 | Special Finest Tippy Golden Flowery Orange Pekoe | 數字1是強調使用最好的生葉，並用最頂級的製茶工法生產的紅茶 |

## | B | 茗品季節

　　高品質的紅茶，除了講究產地之外，還會再細究採收的時節。因為不同時節採製的茶葉，品質及風味也有明顯差異。全年中能生產出最高品質茶葉的季節，稱為「茗品季節」（Quality Season）。特別是印度產的紅茶，因為有明確地區分採收季節，也所以產季也是很重要的品質衡量標準。其他產地的紅茶，不講求生產季節，更重要的是了解生產年份，以確認紅茶的新鮮度。

## 🌿 大吉嶺紅茶的茗品季節

### ◆ DJ 1

近幾年才出現的類別，試採非常少量高品質大吉嶺茶葉製成的紅茶。採摘2月下旬到3月上旬期間剛長出的嫩芽製成茶葉，是用來預測當年度紅茶品質的測試用茶。

其產量本來就很稀少，販售到市面的更是極少數。香氣尚未成熟，但是已經具備大吉嶺特有的清爽中帶有微澀的口感。

### ◆ 首摘茶（First Flush，春茶）

4月上旬開始採製的首批紅茶。採收期只有短短的2～3週，數量稀少，所以價格昂貴。嫩芽含量極高，通常會製作成OP全葉形茶葉，茶葉呈纖細的捲曲形狀。口感清爽微澀，帶有花或青果的高雅香氣。茶色呈現帶綠的淺橘黃色。

### ◆ 次摘茶（Second Flush，夏茶）

採摘5～6月間二次生長的茶葉製成的紅茶。這個季節的氣溫及陽光都很充足，製成的紅茶味道及香氣都比首摘茶更強烈、濃郁。大吉嶺紅茶中最多人喜愛的就是這個季節採製的次摘茶。茶葉中含有許多白色銀毫，雖然有著微刺激性的澀味，但是澀味之後可以感受到香醇的回韻及柔順的甘甜。香氣中帶有大吉嶺特有的麝香葡萄味，因此譽為「紅茶中的香檳」。茶湯色呈現清透的明紅色。

### ◆ 雨季茶（Third Flush）

採摘8～9月間的茶葉製成的紅茶。口感濃厚，並帶有強烈的澀味，與

茗品季節的首摘茶及次摘茶相比，雨季茶的品質略遜一籌。茶湯色呈現深紅色，可以用來調製奶茶。

### ❖ 秋茶（Automnal）

採摘10～11月間最後生長的茶葉製成的紅茶。澀味強烈而鮮明，具有獨特風味，在歐洲成為製作奶茶用的紅茶首選。香氣稍淡，但是具有青草及水果香氣。茶湯色呈現暗紅色。

## 🌿 阿薩姆紅茶的茗品季節

### ❖ 首摘茶（First Flush）

2～3月開始採製的首批紅茶。雖然缺乏阿薩姆特有的濃厚感，但是帶有微甜的花香。茶湯色較淺，呈現橙紅色澤。

### ❖ 次摘茶（Second Flush）

採摘4月中旬～6月間的茶葉製成的紅茶，這段期間是製作高品質阿薩姆紅茶的最佳時節。金毫含量最多，因此濃厚強烈的澀味之外，還帶有回韻的甘甜味，香氣中具有甜甜的花香味。茶湯色呈現最頂級的橘紅色。

### ❖ 秋茶（Automnal）

秋茶的採收時間從7月開始，最晚可以到12月底，因此阿薩姆產區幾乎是一整年都是生產季節。秋茶具有厚重的澀味，特別適合用來製作奶茶。其香氣像是帶有淡淡煙燻落葉味道，不具有清爽的感覺。茶湯色呈現紅褐色。

## 尼爾吉利紅茶的茗品季節

　　1～2月及7～8月採摘製作的紅茶品質最佳。此時期製成的紅茶帶有清爽的微酸。香氣淡雅，口感清爽柔順，茶湯色呈現明亮的橘紅色。

| | 1月 | 2月 | 3月 | 4月 | 5月 | 6月 | 7月 | 8月 | 9月 | 10月 | 11月 | 12月 |
|---|---|---|---|---|---|---|---|---|---|---|---|---|
| 大吉嶺 | | | ◆ | ◆ | ◆ | ◆ | | | | | | |
| 阿薩姆 | | | ◆ | ◆ | ◆ | ◆ | | | | | | |
| 尼爾吉利 | ◆ | ◆ | | | | | ◆ | ◆ | | | | |
| 汀普拉 | ◆ | ◆ | | | | | | | | | | |
| 努沃勒埃利耶 | ◆ | ◆ | | | | | | | | | | |
| 烏巴 | | | | | | | ◆ | ◆ | | | | |

# 確認紅茶的品質——
# 紅茶評鑑 Tea Tasting

紅茶評鑑原本是專家用來分析紅茶個性及品質的方法。在本篇中了解其評鑑的原理，並熟悉方法之後，人人都可以在家品評所買的紅茶。確認紅茶的色、香、味特性，招待朋友時，就可以依據當天的天氣或氛圍，選擇最適合的紅茶了。

## 發現紅茶的特徵

紅茶風味的差異，不只因為產地或採收季節不同。即使是同一個茶園，日照量或通風程度等因素都會產生微妙的差異，進而影響紅茶的品質。另外，採茶或製茶時的天氣狀況，也會使製成的紅茶產生差異。各個製茶廠想降低每批紅茶的差異性，維持穩定的品質，紅茶評鑑就非常重要，透過評鑑，準確地掌握每批紅茶的個性，以評鑑結果訂定紅茶價格，當品質差異太大時，可以進行調配（Blending），穩定品質。

因此每個製茶廠都擁有許多專業紅茶評鑑師，專門調配紅茶並使用評鑑杯鑑定紅茶，努力使每批生產的紅茶都達到一定品質。使用評鑑杯鑑定紅茶，必須具備判別紅茶特徵的敏感度及經驗。

▲ 紅茶評鑑場所

雖然我們無法像專業評鑑師一樣具有豐富的經驗和靈敏度，但是熟悉正確的評鑑方法後，可以藉由此評鑑方法試飲不同種類的紅茶，從中找到自己最喜歡的紅茶。

▲ 專家評鑑中

## 🌿 透過評鑑，找出高品質紅茶

雖然大家喜歡的紅茶都不一樣，不妨了解一下鑑定為高品質的紅茶有哪些特徵。自己品評紅茶時，也能以此為標準，看看自己喝的紅茶是否符合這些條件，讓品評時變得更有趣味。高品質紅茶不只要有平衡的味道、亮麗的顏色、優雅的香氣，還可以觀察沖泡過的茶葉是否具有光澤及彈性，茶杯內的茶湯是否在內緣呈現清楚的金色光圈。

## 紅茶好喝的三要件　味道·湯色·香氣

### ｜味道｜

**澀味、甜味、苦味的平衡**

澀味可以説是紅茶的骨幹。茶葉含有的單寧酸不只會產生澀味，還會產生豐富的香氣。單寧酸不能太多，但太少，又會變得平淡無味。

甜味和甘味是來自茶葉中含有的一種氨基酸成分，茶氨酸。適當的苦味則是由咖啡因所形成。好喝的紅茶需要單寧酸、茶氨酸、咖啡因三者結合達到一定的平衡，才能產生豐富的味道。

### ｜湯色｜

**鮮豔瑰麗的顏色，金黃色到紅褐色**

大吉嶺呈淺橘色，阿薩姆呈豔紅色、尼爾吉利為帶有光澤及透明度的橘色。雖然品質好的紅茶其茶湯色特性皆不同，但是都散發著明亮、通透、誘人的色澤。

### ｜香氣｜

**縈繞口腔和鼻腔的清爽感覺**

原本沒有香味的茶樹葉，經過製茶過程，能活化10倍以上的香氣成分，紅茶的香氣成分超過300種以上，有新鮮的青草香、甜蜜的花香、熟成的水果香、清爽的薄荷香等，品種、製茶工法、產地、採收時節不同都會影響紅茶的香氣特性。

| | 2 | | |
| | 3 | 5 | |
| 1 | 4 | 6 | |

1 茶葉
2 專用評鑑杯
3 專用評鑑秤
4 & 5 專業紅茶評鑑
6 專用評鑑匙

### 紅茶評鑑基礎公式

◆ 3克 ◆ 150cc ◆ 3分鐘

**❶ 放入茶葉。**

使用專業的評鑑杯,茶葉份量3克。使用
電子秤秤量。

**❷ 沖入150cc熱水。**

使用新鮮的水,如評鑑場所的水。熱水壺
拉高,從高處沖入杯中,使水中含氧量增
加。

**❸ 浸泡3分鐘。**

浸泡時,要蓋上評鑑杯的杯蓋。使用計時
器,準確掌握浸泡時間。浸泡時,杯子內
會產生「跳躍現象」。

**❹ 茶湯倒入評鑑碗。**

蓋著杯蓋的評鑑杯橫放在評鑑碗上,使泡
好紅茶茶湯流入評鑑碗中。

⑤ 倒出沖泡過的茶葉。

茶湯流完後，倒出茶葉，放置在杯蓋上。

⑥ 開始評鑑。

確認茶湯香氣及湯色。喝一口茶湯，讓茶湯在嘴裡上下左右流動，使舌頭的每個部位都充分接觸到茶湯後，深吸一口氣使茶香充滿鼻腔。接著確認味道。最後確認剛剛放置在杯蓋上的茶葉其香氣及顏色。

專業的紅茶評鑑不是為了喝好喝的紅茶，而是為了掌握紅茶的品質及特性，所以會以泡得稍微濃一點並放涼的茶進行評鑑。在各個階段，評鑑師會簡單寫下品評紀錄（Tasting Note），作為向消費者介紹此項商品特性之用。

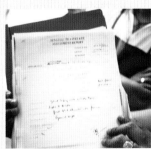

## 紅茶評鑑評價表

| 明細 | 產地： | 地區／茶莊名： |
|---|---|---|
| | 季節： | 等級 |
| 乾燥茶葉 | 外觀： | |
| 評鑑方式 | 茶葉量： | 水溫： |
| | 沖泡時間： | |
| 特性 | | |

| | 1 | 2 | 4 | 5 | 6 | 7 | 8 | 9 | 10 |
|---|---|---|---|---|---|---|---|---|---|
| 乾燥的茶葉香氣 FRAGRANCE | 1 | 2 | 4 | 5 | 6 | 7 | 8 | 9 | 10 |
| 茶香 AROMA | 1 | 2 | 4 | 5 | 6 | 7 | 8 | 9 | 10 |
| 甜味 SWEETNESS | 1 | 2 | 4 | 5 | 6 | 7 | 8 | 9 | 10 |
| 苦味 BITTERNESS | 1 | 2 | 4 | 5 | 6 | 7 | 8 | 9 | 10 |
| 澀味 ASTRNGENCY | 1 | 2 | 4 | 5 | 6 | 7 | 8 | 9 | 10 |
| 後韻 AFTERTASTE | 1 | 2 | 4 | 5 | 6 | 7 | 8 | 9 | 10 |
| 均衡 BALANCE | 1 | 2 | 4 | 5 | 6 | 7 | 8 | 9 | 10 |
| 口感 BODY | 1 | 2 | 4 | 5 | 6 | 7 | 8 | 9 | 10 |
| 湯色透明度 LIMPIDTY | 1 | 2 | 4 | 5 | 6 | 7 | 8 | 9 | 10 |
| 湯色明暗 COLOR | 1 | 2 | 4 | 5 | 6 | 7 | 8 | 9 | 10 |

**COMMENTS**

| 日期 | 評鑑人 |
|---|---|

---

✧ 紅茶香味評價用語

### 湯色標示用語

| LIMPIDTY | 湯色透明度 |
|---|---|
| DEPTY | 濃淡 |
| COLOR | 明暗 |

### 香氣標示用語

| FRAGRANCE | 乾燥的茶葉香氣 |
|---|---|
| AROMA | 浸泡熱水後揮發出來的香氣 |
| FLORAL | 花香 |
| FRUITY | 水果香 |
| GREENISH | 青草香 |
| NUTTY | 堅果香 |
| TURPENY | 松香 |
| SPICY | 辛香料香 |
| SMOKY | 煙燻香 |
| CARBONY | 炭香 |
| WOOD | 木香 |
| AFTERTASTE | 餘香 |

### 味道標示用語

| ASTRNGENCY | 澀味 |
|---|---|
| ACIDITY | 酸味 |
| SWEETNESS | 甜味 |
| BITTERNESS | 苦味 |
| FRUITY | 水果味 |
| SPICY | 辛香料 |
| HERBAL | 香草 |
| BODY | 口感 |
| BALANCE | 平衡 |
| FLAVOR | 風味 |
| AFTERTASTE | 回甘 |

### 紅茶評鑑場地

為了判別乾燥的茶葉、沖泡過的茶湯及茶葉，評鑑的場地建議選擇有適當光線能長時間照入的面北房間。最好是北面有大面窗戶，視野開闊、自然光線充足的房間。室內的牆壁和天花板選用白色。地板要乾燥，材質以磁磚、木板或大理石為佳。室內環境必須保持在照度約750 LUX、溫度20～25℃、濕度70～75%的狀態。

## 沒有專業評鑑工具時，在家也能做的紅茶評鑑

**紅茶評鑑基礎公式**

◆ 3克 ◆ 350cc ◆ 3分鐘

**① 準備工具。**

在家進行紅茶評鑑時，只需要準備茶壺、
茶杯3個、電子秤。

**② 放入茶葉。**

茶壺中放入準確的茶葉量。

**③ 沖入熱水並浸泡3分鐘。**

剛加熱好約95～98℃的熱水注入茶壺。
使用計時器，準確地浸泡3分鐘。

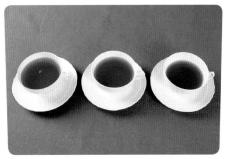

**④ 茶湯倒入茶杯。**

茶湯分別倒入3個茶杯中，最後一滴茶都
不剩的全部倒完。

**⑤ 開始評鑑。**

先聞香氣，再觀湯色，最後品茶味。要特
別留意澀味的程度。

**最後一滴茶的核心！**

最後一滴紅茶又稱為「最醇的一滴」
（Best Drop），含有滿滿的紅茶精
華，所以倒紅茶時，務必要誠摯地連
最後一滴茶都不剩的倒完。

## 紅茶含在嘴裡滾動，確認味道與香氣

先觀察湯色後，用湯匙舀茶湯入嘴，將紅茶含在嘴裡滾動，鑑定紅茶的味道與香氣。口腔都充分接觸茶湯後吐掉。鼻子靠近茶湯，用鼻孔吸入茶湯表面的空氣判別其香氣。接著確認味道之後，再查看浸泡過的茶葉。評鑑CYC、阿薩姆紅茶等顏色深且味道刺激的紅茶時，要先準備牛奶，製作成奶茶再評鑑香氣及味道。

**❶ 聞香氣。**

影響紅茶味道的最大因素是香氣。判斷紅茶特有的花果香氣種類及強弱。

**花香、水果香、青草香、**
**新鮮的氣味、落葉香、煙燻香**

**❷ 觀察湯色。**

為了清楚辨別紅茶的顏色，評鑑時要使用白色的茶杯。照明也務必要明亮，避免影響顏色判別。

**金黃色、橘色、橘紅色、紅色、紅褐色**

**❸ 確認味道**

紅茶味道的第一特徵就是澀味，因此先確認澀味的強弱，再確認甜味、苦味等其他味道是否平衡。

**輕度澀味、中度澀味、強度澀味、**
**刺激性澀味、厚重澀味**

# 紅茶的再誕生——
# 調配 Blending

　　市售紅茶大都是用多種茶葉混合的調配紅茶。調配是為了使紅茶維持一定品質。商品化的紅茶都由每個製茶公司的調配專家研究調配，無論什麼時候喝都可以享受到同樣的風味。印度、中國、斯里蘭卡等地受到季風或氣候變化影響，不可能一年四季都採收到品質相同的紅茶。舉例來說，大吉嶺的首摘茶到秋茶的紅茶風味就有所不同。斯里蘭卡也因為受到印度洋與孟加拉之間的季風影響，各產區的紅茶味道及香氣也會有微妙差異。

紅茶的三大要素——味道、香氣、湯色，只要其中一項不足，紅茶的品質就一落千丈。為了使紅茶具備此三大要素，需要加以「調配」。味道淡的紅茶加入味道強烈的紅茶調配；湯色淺的紅茶加入湯色濃的紅茶調配。或是針對香氣特性加強，加入具有獨特香氣的紅茶調配。

　　此外，不生產紅茶的地區，因為難以取得剛製好的紅茶，免不了會有一些保存較久、風味稍微流失的舊紅茶，這時在舊茶中加入香氣較強的茶葉調配，就能使舊茶誕生新風貌。

　　藉由調配，舊茶葉不需要丟棄，還可以再利用，並能維持一定品質，穩定地供給產品，紅茶價格也不會因產量多寡而隨時波動，維持穩定價格。然而， 調配茶也有茶葉失去新鮮度，或是茶葉原有的特性無法發揮等缺點。

## 🌿 專屬於我的調配茶

　　英國紅茶大王湯馬斯・立頓（Thomas Lipton）發現，即使是茶色及香味都相同的紅茶，若使用倫敦、蘇格蘭、愛爾蘭等不同地區的水沖泡，會產生不同的風味，更因此針對不同地區的水質，調配出適合當地的調配茶販售。這就是至今為什麼會有「London Blend」、「Scotland Blend」、「Irish Blend」等地區特產紅茶的由來。立頓公司為了製作這些調配茶，還雇用並教育許多專業調配師。

　　但是大家喜歡的紅茶都不同，更會隨著年齡、性別、季節不同而變化。想要找到最符合自己喜好的調配茶，還是得由自己調配。

　　最簡單的調配方式，就是在市售的調配紅茶中，再加入自己喜歡的其他茶葉調配，享受混和的風味。越來越熟稔後，就可以嘗試針對不同產

地、不同特性的紅茶進行調配，製作出自己專屬的調配茶！一開始可以從家裡現有的紅茶試試看，你會發現自己不知不覺間已經身處在紅茶的世界了。

　　調配不同產地的紅茶時，首先要選定一個當作基底的紅茶，以此味道為基礎，再依照你的喜好，添加具有其他風味的紅茶一起混合，要留意的是，添加的紅茶量不要太多，避免搶走基底紅茶的風味。

◆ 不同風味訴求適合的紅茶

| 想製作的風味 | 調配時適合的紅茶 |
|---|---|
| 希望澀味強烈 | 大吉嶺、阿薩姆、烏巴 |
| 希望香氣強烈 | 伯爵、正山小種、大吉嶺、祁門、努沃勒埃利耶 |
| 希望湯色濃郁 | 康提、肯亞、CTC |

◆ 調配，1＋1＝3

| |
|---|
| 茶湯色較淺的紅茶，調配成較深色的紅茶，當作製作奶茶用茶葉。 |
| 茶湯色較深的紅茶，在不損及味道及香氣下，調配成湯色更清透的紅茶。 |
| 香氣太獨特的紅茶，調配成香氣較舒緩、柔順的紅茶。 |
| 在香氣較淡的紅茶中，加入香氣強烈的紅茶調配，強化香氣。 |
| 澀味強烈的紅茶，調配成順口的味道。 |
| 在風味流失的舊紅茶中，加入玫瑰或菊花製成的花茶，使舊紅茶調配出新風味。 |

## 🌿 自製調配茶的方法

　　親手調配製作符合自己喜好的調配茶吧！混合茶葉的時候，可以調整書中的配方比例，或是自行調配自己喜歡的調配茶。若調配出之後還會想再喝的紅茶味，記得將調配的紅茶比例記錄下來。

**材料**
------
1人份

準備幾種自己喜歡的茶葉，若單純只使用紅茶茶葉調配，準備3種不同的紅茶即可。

◆ 茶葉 ⋯⋯⋯⋯⋯⋯⋯⋯ 5克
◆ 熱水 ⋯⋯⋯⋯⋯⋯⋯ 350cc

❶ 選擇自己喜歡的茶葉。

❷ 混合茶葉。在茶杯或茶碗中攪拌均勻。

❸ 混合好的茶葉放入茶壺中沖泡好，再倒入茶杯中，確認其色香味。

## 用烏巴和阿薩姆製作
## 早餐調配茶

### 烏巴 70／阿薩姆 30

以具有薄荷香且口感出眾的烏巴為基底，加入帶有甜香的阿薩姆，
混合成味道清爽的調配茶。此早餐調配茶沖泡好之後，可以再加入牛奶拌勻，
在早上飲用也不會造成胃的負擔。

烏巴

阿薩姆

## 青草般清新氣息的
## 努沃勒埃利耶調配茶

### 努沃勒埃利耶 60／大吉嶺首摘茶 30／烏巴 10

以後韻清爽純淨的努沃勒埃利耶為基底，加入具有新鮮水果香氣的大吉嶺首摘茶，
使香氣變豐富。再加入烏巴調合，使茶湯色變得更濃郁。
調配成味道更有層次，顏色更深濃的紅茶。具有刺激性的澀味，也很適合用來製作奶茶。

努沃勒埃利耶

大吉嶺首摘茶

烏巴

## 顏色淺而味道清新的大吉嶺
## 變成豔紅茶色的調配茶

大吉嶺首摘茶 60／康提 30／努沃勒埃利耶 10

大吉嶺首摘茶湯色較淺，
為了充分保留其原有的味道並補足湯色較淺的缺點，
加入康提調配。另外再添加努沃勒埃利耶，強化清新的香氣。

| 大吉嶺首摘茶 | 康提 | 努沃勒埃利耶 |

## 添加了中國神祕香氣的
## 阿薩姆調配茶

阿薩姆 50／正山小種 30／雲南紅茶 20

阿薩姆是很容易買到的紅茶，但是香氣較不足。
所以在阿薩姆中加入具有淡淡煙燻松木香氣的正山小種，此外，再加入雲南紅茶，
增添柔順的甜香。混合成具有深韻及優雅香氣的調配茶。

| 阿薩姆 | 正山小種 | 雲南紅茶 |

## 使阿薩姆帶有肉桂香
## 成為香氣有層次的調配茶

### 阿薩姆 50／康提 30／紅玉（日月潭紅茶）20

阿薩姆的湯色呈深褐色，味道卻很清淡並帶有適當的澀味，
屬於刺激性較低，後韻純淨的紅茶。在阿薩姆中加入味道輕盈的肯亞，使風味更柔順，
再加入具有優雅肉桂香氣的台灣日月潭紅茶，調配成香氣有層次的調配茶。

| 阿薩姆 | 康提 | 紅玉（日月潭紅茶） |

---

## 濃厚但後韻純淨的
## 印度奶茶專用調配茶

### 阿薩姆 50／尼爾吉利 30／肯亞 20

印度奶茶（CHAI）是印度人生活中不可缺少的飲品，
不使用茶壺沖泡，直接用牛奶鍋煮沸。以阿薩姆為基底，加入尼爾吉利及肯亞，
增加清爽的後韻，調配成製作印度奶茶專用的調配茶。

| 阿薩姆 | 尼爾吉利 | 肯亞 |

## 使祁門紅茶增添
## 甜味的調配茶

### 祁門紅茶 60／雲南紅茶 40

在色香味均衡的祁門紅茶中，加入口感柔順並帶有甜味及香氣的雲南滇紅混合。
雲南紅茶的澀味及湯色比較不足，和祁門紅茶調配，誕生為更高品質的紅茶。

祁門

雲南銀針

## 雲南紅茶中加入
## 普洱茶的調配茶

### 普洱熟茶 60 ／雲南紅茶 40

在帶有地瓜甜香但湯色較淺的雲南紅茶中，加入普洱茶調配。
使湯色變深沉，並散發溫順高雅的香氣。
雲南紅茶可以用台灣產的東方美人茶替代，再加普洱茶調配。

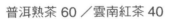

祁門

雲南金芽

MECHANISM

3

紅茶味道的原理

大部分的紅茶通常只會沖泡一次，
與綠茶或烏龍茶會回沖2～3次的飲用方式不同。
只有OP全葉形紅茶或是中國紅茶，因為纖維質完整，
浸泡時不容易釋出，可以回沖2～3次飲用。
碎葉形或粉末形紅茶，因為纖維質已遭破壞，
反覆沖泡會釋出纖維質，湯色變得混濁，降低風味。
因此要在僅有一次的沖泡過程中將紅茶的成分完全萃取出來，
沖泡的水量、水溫、時間就顯得格外重要，必須仔細留意。

### tea 3-1 | 紅茶好喝的 4個要點

我們在市面上買到的紅茶多是碎葉形的調配紅茶。紅茶一般只沖泡一次就直接丟棄，與綠茶或烏龍茶會回沖2～3次的飲用方式不同。只有OP全葉形紅茶或中國紅茶，因為纖維質完整，浸泡時不容易釋出，可以回沖2-3次飲用。碎葉形或粉末形紅茶，因為纖維質已被破壞，反覆沖泡會釋出纖維質，湯色變得混濁，降低風味。因此要在僅有一次的沖泡過程中將紅茶的成分完全萃取出來，沖泡的水量、水溫、時間就顯得格外重要，必須仔細留意。

想將紅茶的魅力完整呈現出來，最先要熟記的就是沖泡紅茶的4個要素。

水溫　　　水量　　　茶葉量　　　時間

*MECHANISM*

## 水溫

要將紅茶的色香味充分引導出來，最重要的就是水溫要控制在萃取單寧酸和咖啡因的最佳溫度。最佳的沖泡水溫是93～98℃，此時水中的含氧量也比較高。

沖泡紅茶一定要用新鮮的水，加熱後馬上使用。水壺裝水，加熱到一定程度時，壺內會產生露珠般的小氣泡，當出現5～6個直徑約1公分的氣泡時即可關火（此時水溫大約93～95℃）。水若沸騰太久，水中的氧氣會消散到空氣中，越來越少，用來沖泡茶葉，茶的色香味很難充分釋放出來。

**90℃**

水加熱到90℃時，茶壺底部會開始出現細小的氣泡。然後再長大成直徑5～6公釐的氣泡。此時表面也出現緩慢的波動，溫度已達到95～96℃左右。

**98℃**

水加熱到98℃時，水面會呈現大波動，此時關火。這時的狀態是最能使茶葉產生跳躍現象的時間點。

**99℃**

水加熱到超過99℃時，水中的氧氣漸漸釋放到大氣中，水中的含氧量較低，用來沖泡茶葉，比較難產生跳躍現象。

### 🌿 水量

　　測試各種紅茶適合的水與茶葉量，建議以水量為基準，增減茶葉的量來調整。因為與水相比，茶葉的差異性比較大，會因為其品質、特性、新鮮度、是否為調配茶等因素，影響茶葉的萃取程度。

　　紅茶評鑑的標準3克茶葉與150cc，這樣的水量及比例只是為了品評紅茶的個性，並不適合用來享受美味的午茶時光。一般人喝紅茶時，會搭配茶點一起享用，所以通常不會只喝一杯。假設每個人需要喝2～3杯，需要準備的水量可以參考以下計算方式：沖泡1人份的紅茶，所需水量為茶杯2杯半（140cc×2.5杯），大約是350cc。

### 🌿 茶葉量

　　1人份的水量是350cc的話，最一般的標準茶葉量為2茶匙。但是同樣的茶葉量，還會因為使用的是硬水或軟水，而沖泡出不同的味道，例如：韓國一般都用軟水，軟水很容易釋出茶中的澀味，為了降低澀味，就需要稍微減少茶葉量。

　　若要減少，可改為1人份350cc，加滿滿1茶匙，或淺淺2茶匙茶葉量。

※也可能因為茶葉的形態及特性需要增減茶葉量。

## 🌿 時間

　　茶葉成分所需的萃取時間會依據茶葉的大小有些微差異。一般來說，BOP碎葉形茶葉適合約3～4分鐘，OP全葉形茶葉約5～6分鐘，茶葉越大，沖泡時間就越長。

　　沖泡時間拉長，茶的味道就會變濃，湯色也會變深。若不小心浸泡過頭，味道太濃，可以加熱水稀釋，調節出適當的濃度再飲用。

### ◆ 紅茶的沖泡基準（1人份）

| 水溫 | 98℃ | 使用新鮮的水／沸騰之前的溫度 |
|---|---|---|
| 水量 | 350cc | 每人2～3杯的水量 |
| 茶葉量 | 2tsp（茶匙）、4g | 使用中性水／若使用軟水，茶葉量可以減少一些 |
| 時間 | 2～6分鐘 | 全葉形茶葉5～6分鐘／碎葉形茶葉3～4分鐘／茶包2分鐘 |

# 紅茶美味的祕密——跳躍 Jumping

> 茶葉因為熱水的對流現象，在茶壺中緩慢地旋轉、上下浮動，能幫助茶葉充分釋放出產生味道及香氣的成分。

讓茶葉在茶壺中「跳躍」是紅茶美味的祕密！

要使紅茶的美味完全釋放出來，核心的關鍵就是「跳躍」。茶葉放入茶壺中，沖入剛加熱好的熱水，此時水中的氧氣會形成小氣泡，附著在茶葉上。氣泡的浮力會使茶葉浮到水面，漂在水面的茶葉吸收水分，幾分鐘之後，會像下雪一般，緩慢地沉到壺底。大約3～5分鐘後，水中的氣泡全部消失，大部分的茶葉就會停在壺底。這個現象稱為「跳躍」。沖泡紅茶時，成功產生跳躍現象，才能充分釋放茶葉中產生色香味的成分。經過充分跳躍的紅茶，其色香味都會很鮮明地表現出來，並會回甘及帶有甜味。跳躍不完全的紅茶，風味會很微弱、香氣也比較淡。

## 🌿 產生跳躍現象的條件

**❶ 氧氣含量較高的新鮮水**

**❷ 93～98℃熱水**

　　每種茶葉適合的水溫略有不同，例如：大吉嶺首摘茶適合85～95℃的水溫。沖泡紅茶的熱水若不小心煮沸超過100℃，請關火並降溫至適當的沖泡溫度，再沖入茶壺中沖泡紅茶。此外，加熱過的水，請勿再重新加熱使用，因為反覆加熱會使水中氧氣流失，無法讓茶葉產生完美跳躍現象。

**❸ 熱水沖入茶壺中**

　　熱水加熱到最適當的溫度時，水壺拉高（大約距離茶葉約30cm），讓熱水從高處帶有衝力地沖入茶壺中。這麼做可以產生許多細小氣泡，附著在茶葉上，使茶葉浮出水面。

**❹ 使用有利於對流作用的圓形茶壺**

　　浮在水面的茶葉慢慢下沉後，有一些還會再次浮起。為了不干擾其熱對流作用，茶壺的形狀選用有利於對流的圓形茶壺為佳。

**❺ 保持水溫**

　　單寧酸和咖啡因需要在90℃以上的熱水中才會釋放出來，為了避免熱水在跳躍作用的過程中降溫，可以預先用熱水燙過茶壺，或是在沖入熱水後，使用茶套包覆茶壺，維持高溫。

◇ 跳躍的形態

1

2

3

4

5

## 🌿 無法完美產生 跳躍現象的原因

- 使用煮沸過久的熱水、取水後放置太久而氧氣含量稀少的水、反覆加熱的水，使用這些水沖泡紅茶，無法完美產生跳躍現象。

- 使用溫水沖泡，無法完美產生跳躍現象。使用水溫80～90℃的水沖泡紅茶，一樣會產生跳躍現象，但是溫度不夠高，咖啡因和單寧酸會無法釋放出來。

- 注入熱水時，水壺的壺嘴離茶壺太近，熱水只是靜靜地流入茶壺中，沒有衝力產生跳躍現象。或是水壺的壺嘴太小，注入熱水時的衝力太小，也很可能無法完美產生跳躍現象。

## 用什麼水
## 沖泡紅茶？

tea
3-3

水的溫度固然重要，但是水本身的性質也很重要。

使用適當硬度的水，可以使紅茶的味道和香氣變柔和，抑制刺激的澀味。紅茶中的單寧酸（兒茶素類）與水中含有的鈣及鎂產生化學作用，會影響紅茶原有的色香味。

同樣的紅茶，帶到英國，跟帶到韓國，兩地沖泡出的紅茶味道、香氣、湯色都會不同。原因在於兩地的水中礦物質含量不同。使用鈣和鎂含量適中的水，沖泡出的紅茶會帶有甜味；使用鈣及鎂含量過多的水，沖泡出的紅茶則帶有苦味。必須先了解這些特性，才能依照水質特性，沖泡適合的紅茶來享用。

硬水或軟水是以水中的礦物質含量做區分。其中代表性的礦物質——鈣和鎂換算成碳酸鈣並數值化，依此數值代表水的硬度。再依硬度歸類，硬度未滿100為軟水；硬度介於100～300之間為中性水；硬度超過300則為硬水。

| 軟水<br>（三多水） | 中性水<br>（Volvic） | 硬水<br>（Contrex） | 自來水 |
|---|---|---|---|
| 軟水 | 中性水 | 硬水 | 自來水 |
| （硬度30～100） | （硬度100～300） | （硬度300以上） | |
| 適合沖泡康提、尼爾吉利、肯亞等。這類較不具特殊味道的紅茶，使用軟水沖泡，可以產生適當的澀味，香氣也能充分發揮出來，感受到紅茶的真實風味。 | 適合沖泡烏巴、努沃勒埃利耶、大吉嶺首摘茶及次摘茶等。使用中性水沖泡，可以緩和大吉嶺特有的刺激澀味，口感變柔順。香氣會略為減低。湯色則會變深，提升色澤度。 | 硬水適合沖泡使用Fannings、Dust等細碎葉或粉末形紅茶製作的調配茶或茶包，或是有煙燻香的正山小種，以及香味強烈的香草調配茶等。使用硬水沖泡，可以使味道更圓融，香氣變弱，喝起來更順口。 | 使用自來水最擔心的就是有氯的味道。建議用濾水器去除水中的氯。用自來水沖泡紅茶，盛水時，水龍頭開到最大，再用水壺盛裝，可以取得含氧量較高的水。 |
|  |  | |  |

　　沖泡紅茶時，使用硬度太高的水，紅茶中的單寧酸會和水中的鈣及鎂結合，茶湯色會變得像咖啡一樣深沉而混濁，損害紅茶原有的味道及香氣。但是使用硬度太低的軟水，紅茶中的味道及香氣成分會釋放太多，澀味及香氣變重，茶湯色則會變淺，無法充分展現紅茶原有的美麗湯色。

大吉嶺次摘茶分別使用中性水和軟水沖泡出的湯色差異

中性水沖泡的紅茶　evian

軟水沖泡的紅茶　三多水

　　歐洲大陸的水質硬度偏高，其實不太適合沖泡紅茶。但是與歐洲隔一個海峽的英國，水質硬度就比較低，是適合泡茶的中性水，可能也因此使紅茶在英國被廣泛飲用。英國的水硬度適中，可以使紅茶的味道和香氣更柔和，抑制刺激的澀味，喝起來更順口。湯色會稍微變深，所以也很適合用來製作奶茶。

　　韓國水的硬度屬於20～100之間的軟水，與英國相反，使用韓國的水沖泡出的紅茶，湯色會變淺，味道及香氣則會變強烈。因此沖泡時，茶葉量要減少一些，才能降低澀味。

# 為紅茶增添風味的牛奶

最適合用來搭配紅茶的牛奶,是熱變性較低的低溫殺菌牛奶。

紅茶中加入牛奶,可以緩和紅茶的澀味,使口感變得柔滑順口,也很適合搭配含有奶油的餅乾一起享用。牛奶大致分為兩種:低溫殺菌牛奶和超高溫殺菌牛奶。常見的鮮奶大多是使用超高溫殺菌方式,但是近幾年也有越來越多標榜使用低溫殺菌的牛奶可供選購。要製作好喝的奶茶,適合使用低溫殺菌牛奶。低溫殺菌牛奶的蛋白質熱變性低,比較沒有奶腥味,能清楚地感受到清爽的後韻及乳香甜味。

## 低溫殺菌(LTLT:Low Temperature Long Time)

低溫殺菌牛奶是指以60℃殺菌30分鐘或是以75℃殺菌15秒的牛奶。低溫殺菌的優點是能避免殺菌過程中破壞掉牛奶的營養素,但是缺點是牛奶中會殘留較多微生物,不利保存,生產成本也較高。因此低溫殺菌牛奶的價格也較昂貴。

## 超高溫殺菌（UHT：Ultra High Temperature）

　　超高溫殺菌牛奶是指以130～135℃殺菌2～3秒的牛奶，也是目前最廣泛使用的牛奶殺菌方法。因為經過高溫殺菌，消滅大多數微生物，因此變質的可能性較低，但是也因為高溫，部分營養素會流失。若以生產面及安全性來看，此殺菌法仍算是效率比較高的做法。

60℃殺菌30分鐘　　　　75℃殺菌15秒　　　　130℃殺菌2秒

建議使用低溫殺菌牛奶製作奶茶，但是喜歡濃厚感及奶味較重的話，也可以使用超高溫殺菌牛奶製作。

使用低溫殺菌牛奶製作奶茶，可保有紅茶的湯色，奶茶色澤偏褐色，口感清爽，不會有殘留在嘴巴的黏膩感。

製作印度奶茶（chai），若使用低溫殺菌牛奶，不用另外加水，直接用100%的牛奶，加入茶葉一起煮滾。經過加熱，牛奶中的脂肪球和酪蛋白（使牛奶看起來呈現白色的成分）會漂浮到表面，下方牛奶變稀，濃度變得近似於水，紅茶在其中吸收水分之後就能充分展開，這樣製作出來的印度奶茶顏色濃郁，但味道清爽。

超高溫殺菌牛奶在殺菌過程中，蛋白質和鈣質變性而產生特有的濃郁奶香，但是口感會帶有些微黏膩感，容易殘留在齒頰之間，也成為阻礙紅茶香氣發揮的要素。使用超高溫殺菌牛奶製作印度奶茶，若將茶葉直接放入牛奶中熬煮，茶葉無法舒展，萃取出紅茶的成分。一定要先用少量的水將紅茶煮開，再倒入超高溫殺菌牛奶一起調合。

---

**砂糖**　**砂糖也有很多種類，將不同形狀的砂糖分類並使用看看吧！**

喝紅茶時，砂糖可以依照個人喜好添加。若要品嘗紅茶本身的味道，不添加砂糖是比較好的選擇。但是也有人偏愛加了砂糖，變得甜香順口的紅茶風味。特別是甜味鮮明的印度奶茶，砂糖可說是不可或缺的第二主角。

可以依據形狀選擇不同砂糖，有些造型奇特的砂糖，讓喝紅茶的時光更增添樂趣。

❶ 白砂糖，最適合紅茶的砂糖。
❷ 方糖，可以含一顆在嘴裡，再喝一口紅茶，感受方糖在嘴裡融化的奇妙口感。
❸ 咖啡冰糖，可以觀賞糖粒在茶中慢慢融化，並品嘗味道的變化。
❹ 冰晶棒棒糖，可以直接泡在紅茶裡慢慢融化，喝的時候一邊攪拌。

# MAKING TEA

4

沖泡紅茶

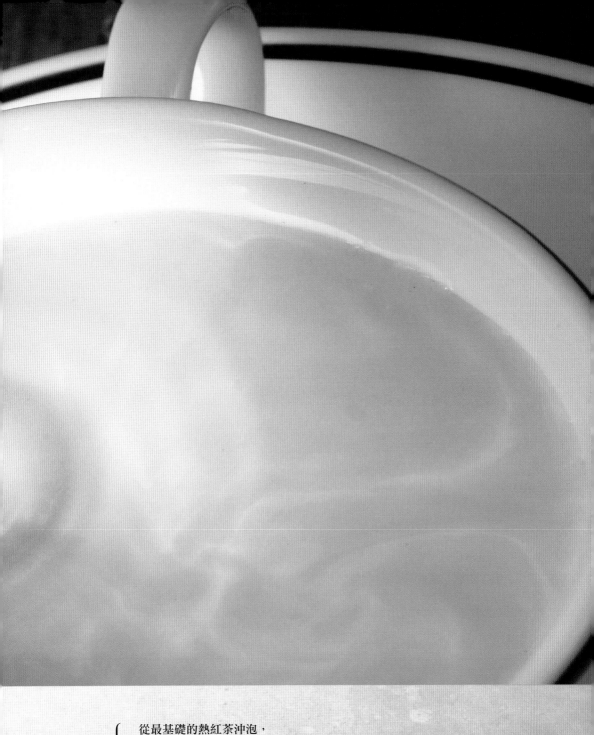

從最基礎的熱紅茶沖泡，
到製作冰紅茶、香濃奶茶、異國風味十足的印度奶茶，以及便利的茶包。
一起來了解如何發揮紅茶的最大魅力，變化成各式各樣的飲品吧！

# 沖泡紅茶的基礎
## ──熱紅茶

　　了解將紅茶味道充分釋放的原理，接著來親手沖泡好喝的紅茶吧！首先要熟練最基礎的熱紅茶沖泡方式，才能用紅茶再譜出更多變奏曲。使用新鮮的水，加熱到適當水溫，放入適量的茶葉，以最適合的沖泡時間完成浸泡，沖泡出一壺完美的紅茶吧！

　　從最基礎的熱紅茶沖泡，到製作冰紅茶、香濃奶茶、異國風味十足的印度奶茶，以及便利的茶包。一起來了解如何發揮紅茶的最大魅力，變化成各式各樣的飲品吧！

## 沖泡基礎熱紅茶

◆ 茶葉 ⋯⋯ 5克 ◆ 熱水 ⋯⋯ 350cc ◆ 3～4分鐘

❶ 茶壺先用熱水沖燙後,用茶匙測量適量的茶葉,放入茶壺中。

❷ 剛煮好的熱水沖入茶壺中,水壺要拉高約20～30公分。

❸ 使用計時器,準確地測量浸泡時間。若在寒冷的冬天,可以使用茶套包覆茶壺保溫。浸泡好之後,輕輕搖晃茶壺,使茶湯的濃度混合均勻。

④ 茶杯先用熱水沖燙後,茶湯以濾網過
濾並注入茶杯中。

大吉嶺首摘茶屬於輕發酵紅茶,
水溫要降到90℃左右。

⑤ 茶杯倒好後,剩餘的紅茶過濾並倒入
另一個茶壺中,避免茶葉持續浸泡。

## 黃金準則

為了沖泡出紅茶原始味道及香氣,而發
展出的基本規則。

茶葉味道充分發揮的五個黃金準則:
① 使用品質好的茶葉。
② 茶壺要先預熱。
③ 準確地測量茶葉量。
④ 使用剛加熱好的熱水。
⑤ 遵守沖泡的時間

## 紅茶的色香味

因單寧酸而產生味道、香氣及湯色。

紅茶在茶壺中浸泡好,並倒入茶杯時,就該具
備紅茶的色香味三要素。紅茶中含有4種兒茶
素組合而成的單寧酸成分,以及使紅茶呈現褐
色的兒茶素氧化成分。構成紅茶味道的單寧
酸,除了產生澀味之外,也是產生紅茶特有玫
瑰或紫羅蘭等香氣的來源。另外,紅茶中含有
的咖啡因,則讓紅茶帶有刺激感和苦味。

## 🌿 沖泡中國式紅茶

　　講到中國茶，最先聯想到烏龍茶。但是其實中國是全世界最早的紅茶產地。在中國，經常會使用小茶壺或是有蓋子的「蓋碗」泡茶，放入茶葉後，可以回沖好幾次飲用。本篇使用小巧的中國式蓋碗來介紹沖泡及飲用方式。

　　想獨自一人簡單地享用紅茶，使用中國式蓋碗非常便利。蓋碗同時具備茶壺和茶杯的作用，若只想自己一個人喝茶，沒有比這個更適合的工具了。

　　不只一人喝茶的話，可以準備蓋碗和小茶杯，將蓋碗當作茶壺，浸泡好紅茶後，倒入茶杯中，再遞給客人。紅茶的茶葉量可以多放一些，因為中國式的紅茶，可以在短時間內回沖多次飲用。

## 單人沖泡及飲用

在蓋碗中放入茶葉，注入熱水，浸泡好即可飲用。

**1 人份**

- ◆ 中國紅茶 ⋯⋯⋯ 1茶匙（2克）
- ◆ 熱水 ⋯⋯⋯⋯⋯⋯⋯⋯ 100cc

❶ 在蓋碗中放入茶葉，注入熱水，蓋上蓋子。

❷ 泡5分鐘後，蓋子稍微傾斜，可以阻擋
茶葉並飲用茶湯。

## 🌿 雙人二次沖泡及飲用

蓋碗當作茶壺，浸泡紅茶之後，分別倒入茶杯中飲用。增加紅茶的茶葉量，沖泡時間縮短的話，茶葉還可以多次回沖飲用。

**2**
**人份**

◆ 中國紅茶 ⋯⋯⋯⋯⋯⋯⋯ 2茶匙
◆ 熱水 ⋯⋯⋯⋯ 100cc＋100cc

❶ 在蓋碗中放入紅茶葉，注入熱水。

❷ 浸泡2分鐘之後，茶湯分別倒入2個茶杯中各50cc（第一次沖泡）。
　若還不熟練直接用蓋碗將茶湯倒入茶杯，可以先倒入其他容器，再倒入茶杯中。

❸ 再次注入熱水，浸泡1分鐘之後，倒入茶杯中（二次沖泡）。

### 選購蓋碗

・茶蓋、茶碗、茶托一起拿起時，要很穩定，不會晃動。

・選擇適合自己手掌大小的尺寸且重量較輕的為佳。

・茶蓋要有曲線（弧度），才能罩住香氣保留在碗中。

# 適合炎炎夏日的紅茶
## ——冰紅茶

炎熱的夏季，來一杯裝滿冰塊的冰紅茶，是消滅暑氣，讓身心清爽的最佳飲品。製作冰紅茶的重點是要能呈現出紅茶的清透感。熟悉製作冰紅茶的方法，就能加以變化，製作成各式各樣的加味冰紅茶。

### 適合製作冰紅茶的紅茶

冰紅茶的魅力就在於其清澈明亮的橘紅色。想感受這股透亮感，最適合使用的紅茶種類是印度產的尼爾吉利、斯里蘭卡產的康提和汀普拉、非洲產的肯亞等紅茶。

大吉嶺、阿薩姆、烏巴、努沃勒埃利耶等紅茶因為單寧酸含量較高，湯色沒那麼清亮，適合加牛奶製作冰奶茶。

| | |
|---|---|
| 冰紅茶 | 尼爾吉利、康提、汀普拉、肯亞、CTC |
| 冰奶茶 | 大吉嶺、阿薩姆、烏巴、努沃勒埃利耶 |

## 🌿 製作基礎冰紅茶

讓冰紅茶呈現清透感的祕訣在於兩次的急速冷卻！雖然也有人是將沖泡好的濃紅茶直接倒入裝有冰塊的玻璃杯中，稀釋成冰紅茶飲用。但是這麼做的話，很難平均地降溫，往往下方的紅茶變冷了，上方的紅茶卻還是熱的，這樣的溫度差異會使紅茶中的單寧酸凝結，產生「白濁」現象，茶湯色變得混濁。因此製作標準的冰紅茶時，務必要經過兩次急速冷卻，才能讓冰紅茶呈現該有的清透感。

**2 人份**

◆ 茶葉 ⋯⋯ 2茶匙（4克） ◆ 熱水 ⋯⋯ 200cc ◆ 冰塊 ⋯⋯ 適量 ◆ 糖漿 ⋯⋯ 適量

❶ 茶葉放入茶壺中。

注意！

急速冷卻務必要用冰塊來降溫。若是直接將茶壺放入冰箱冷凍庫，使紅茶緩慢降溫的話，會產生「白濁」（Cream Down）現象。

❷ 沖入熱水，充分浸泡約5～6分鐘。

❹ 取2個玻璃杯，分別放入8分滿的冰塊。再將步驟3的紅茶倒入裝有冰塊的玻璃杯中（第二次急速冷卻）。

❸ 取另一個茶壺，裝入3分滿的冰塊，再將浸泡好的紅茶以濾網過濾，注入裝有冰塊的茶壺內（第一次急速冷卻）。
若要用來變化成其他飲品的冰紅茶，可以在此步驟結束後，在常溫中暫存。

**白濁是什麼？**

很多人製作冰紅茶時，完成的茶湯色不清透，呈現混濁的顏色。這種「白濁現象」是因為茶湯緩慢降溫時，茶中的單寧酸和咖啡因結合，產生乳化作用，茶色變得混濁並產生澀味。冷泡法不使用熱水浸泡，所以不用擔心會產生白濁現象，製作出來的紅茶清澈透亮。

## 🌿 冷泡法

紅茶茶葉倒入冷開水中浸泡即可，是最方便的冰紅茶製作方式。以冷泡方式萃取的紅茶，味道清新且咖啡因含量低，可以保存數天。

　　適合使用冷泡法的紅茶為大吉嶺、努沃勒埃利耶等高地種植的紅茶，香氣佳且澀味強烈。也可以嘗試使用其他紅茶冷泡，只要喝起來香醇、順口即可。冷泡用的水，建議使用軟水，更能充分展現紅茶原本的風味。

茶葉 ———— 15克
水 ———— 2公升

❶ 2公升寶特瓶中，裝入冷開水，並倒入 15克茶葉。

❷ 搖晃寶特瓶，使紅茶充分與水接觸。

注意！此冷泡冰紅茶若還要加冰塊飲用，需再增加茶葉量，使浸泡出的茶湯更濃一點。

③ 放置在常溫下浸泡8小時，使紅茶成分充分萃取出來。

④ 浸泡好的紅茶倒出並過濾掉茶葉，茶湯裝入其他瓶子中，放入冰箱冷藏保存。

### 製作砂糖糖漿

① 砂糖500克倒入攪拌機中。

② 在步驟1中加入冷開水350cc。

③ 用果汁機攪打5～6分鐘，倒出靜置30分鐘，即完成700cc砂糖糖漿。因為甜度高，可以放常溫保存，但是盛裝的容器最好先用熱水川燙消毒過。

### 製作紅茶糖漿

材料 ：紅茶茶包4個、水300ml、砂糖200～300克、檸檬汁少許

① 水倒入鍋中加熱至沸騰。

② 放入4個茶包再沸煮一下，關火，蓋上蓋子，浸泡10分鐘。

③ 拿掉茶包，倒入砂糖，靜置2分鐘使砂糖融化。

④ 再次開火，煮至沸騰冒泡後，轉小火，熱煮10分鐘，糖漿變濃稠即完成。

# 誘人的奶油棕色
# ──奶茶

紅茶受大家喜愛的原因之一，就是紅茶與牛奶融和，激盪出迷人的滋味。牛奶可以緩和紅茶的澀味，使口感更溫和、滑順。

製作奶茶的時候，要挑選個性比較強烈的紅茶，味道和香氣即使加入了牛奶，也不會被掩蓋消失。此外，茶色也很重要，要選擇能泡出漂亮奶油棕色的紅茶茶葉。

英國某些地區的飲用水，石灰粉含量較多，水的硬度高，沖泡大部分的紅茶都會呈現暗紅色或紅褐色，加入牛奶後，就能調和出很誘人的奶油棕色。若所在地的水質是屬於軟水，沖泡出的茶湯色比較淺，無法調和出誘人的奶油棕色奶茶，可以特別選用紅茶湯色較深的紅茶茶葉。

## 茶葉的選擇

製作奶茶時，適合使用印度產的大吉嶺及阿薩姆、斯里蘭卡產的烏巴、中國產的祁門。若要選購大吉嶺來沖泡奶茶，不要使用首摘或次摘茶，建議使用味道比較濃厚的雨季茶或秋茶。

另外市面上容易購買到的調配茶也都很適合用來製作奶茶。

| 奶茶 | 大吉嶺、阿薩姆、烏巴、祁門、英國早餐茶等 |
| --- | --- |
| 印度奶茶 | 阿薩姆F、阿薩姆D、斯里蘭卡BOP、CTC |

**製作基礎奶茶**

退冰至常溫的牛奶依照個人喜歡的量，倒入茶杯中。牛奶先放或後放都可以，但是建議先在常溫中退冰一下。

　　因為牛奶沒有加熱，若希望製作好的奶茶不會溫溫的不冷不熱，可以先將茶杯用熱水燙過。

**2 人份**

 ◆ 茶葉 ⋯⋯⋯⋯ 2茶匙（4克）
 ◆ 熱水 ⋯⋯⋯⋯⋯⋯ 350cc
 ◆ 低溫殺菌牛 ⋯⋯ 20～30cc

**❶** 因為牛奶沒有加熱，為了避免製作好的奶茶溫溫的不冷不熱，先將茶杯用熱水燙過。

**❷** 茶葉放入茶壺中。

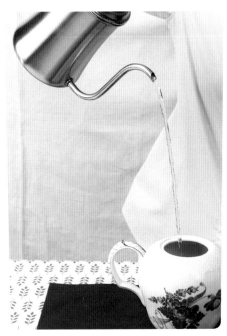

③ 熱水沖入茶壺中。水壺盡量拉高約
20～30公分，由上而下將熱水沖入
茶壺中。

④ 低溫殺菌牛奶20～30cc倒入預先燙
過的茶杯中。

⑤ 紅茶充分浸泡好之後，倒入茶杯中。紅茶可以加到大約九分滿，提高奶茶整體的溫度，
不會呈現不冷不熱的溫度。

# 消除疲勞的特效藥
## ——印度奶茶

tea 4-4

　　印度奶茶（chai）不使用水壺或茶壺沖泡，而是直接在鍋子（牛奶鍋）中加入水、牛奶、紅茶葉一起煮沸而成。一杯香甜濃郁的印度奶茶是疲憊時的最佳特效藥。在印度的火車上，經常有販賣印度奶茶的小販來回走動，雖然只是將紅茶包和砂糖放入裝有熱牛奶的紙杯中，但是這樣一杯簡易式印度奶茶，就能充分消除掉旅人的疲勞。

　　印度奶茶的茶杯可以依照個人喜好自由選用陶器、玻璃或瓷器。搭配的茶點建議選擇比較清爽的種類，因為印度奶茶本身味道比較濃厚。

### 茶葉的選擇

印度奶茶是將紅茶茶葉與牛奶一起煮，所以適合選用風味能快速釋放的碎葉形的阿薩姆、烏巴、盧哈娜。印度當地大多使用細碎或粉末形茶葉，例如：Fannings（F）、Dust（D）等級或CTC的阿薩姆茶，優點是可以大幅縮短紅茶萃取的時間。

## 🌿 製作基礎印度奶茶

使用低溫殺菌牛奶的話，可以不用加水，水的份量改成牛奶，直接在牛奶中放入茶葉熬煮。若使用市售比較普遍的超高溫殺菌牛奶，就要依照此食譜先用水萃取出紅茶茶湯。

**2**
人份

- 茶葉 …… 3茶匙（6克）
- 牛奶 …… 240cc＋熱水 …… 160cc
  （水40%〔160cc〕牛奶60%〔240cc〕，共400cc）
- 砂糖 …… 適量

❶ 牛奶鍋中放入水，開火煮至沸騰後，關火。加入茶葉，浸泡5～6分鐘。

② 確認茶葉完全浸泡開來後，開火，倒入牛奶。

③ 持續加熱沸騰，當表面布滿微小的氣泡並開始上升時，關火。不要煮太久，避免奶茶燒焦，影響紅茶及牛奶的風味。

④ 煮好的奶茶用濾網過濾，並注入茶壺中，再盛裝到茶杯中飲用。
　砂糖可以在加牛奶熬煮時一併加入，也可以飲用時再依據個人喜好添加。

### 印度香料奶茶（Masala Tea）

　　在印度，人們會將辛香料搗碎後，和茶葉一起熬煮成奶茶。這種稱為「Masala Tea」的印度香料奶茶中，加入的辛香料具有類似藥材的作用，可以使人身體暖和，預防感冒，是很棒的飲品。

　　即便也有市售混和好的印度香料茶包，但是不妨自己在家將辛香料搗碎製作看看。印度香料奶茶中常用的辛香料有小荳蔻、薑、丁香、肉荳蔻、肉桂等，可以依照個人喜好添加。在百貨公司或大賣場大多設有辛香料區，也可以到藥材市場或中藥店購買到各種所需的辛香料。

## 適合紅茶的辛香料種類和特徵

### 小荳蔻
### *Cadamon*

咖哩中常聞得到的香味。
味道清涼中帶有淡淡刺激性，
屬於東方式的香氣。
切開果實取其中的種子使用。

### 肉桂
### *Cinnamon*

肉桂樹的樹皮。
加熱後會散發甜味和
濃郁的肉桂香氣。
也可以用肉桂粉替代。

### 薑
### *Ginger*

有刺激性的辣味，
香氣清爽。
可以曬乾磨成粉，
或是直接將生薑切片使用。

### 丁香
### *Clove*

頭的部位搗碎，
會散發苦味和清爽中帶有
甜味的獨特香氣。

### 八角
### *Star Anise*

中式料理中常見的食材。
香氣強烈，使用時要酌量，
通常一點點就足夠了。

### 黑胡椒
### *Black Pepper*

可以用來消除
牛奶腥味。

### 肉荳蔻
### *Nutmeg*

具有獨特的辛味及甜香。
外殼剝開，
裡面的種子搗碎後使用。

MAKING TEA

## 製作印度香料奶茶

**2人份**

◆ 茶葉 —— 3茶匙（6克） ◆ 牛奶 —— 240cc ◆ 熱水 —— 160cc
◆ 辛香料（小荳蔻 —— 3粒、丁香 —— 2粒、桂皮 —— 1片〔2×2cm〕、
薑 —— 1片〔2×2cm〕、八角 —— 1粒、黑胡椒 —— 3粒）

❶ 牛奶鍋中放入水及搗碎的辛香料加熱。

❷ 辛香料的味道充分釋放出來後，關火，
倒入茶葉浸泡5～6分鐘。

❸ 重新開火，並倒入牛奶和適量的砂糖拌
勻，加熱至沸騰後關火。

❹ 使用濾網，將奶茶過濾並裝入茶壺中，
再盛裝到茶杯中飲用。

## 製作堅果奶茶

杏仁、腰果、花生等堅果切碎後，加入奶茶中一起熬煮，使奶茶香中增加堅果的香氣，品嘗時可以感受到濃郁豐饒味道。一部分堅果碎末直接放入茶杯中，飲用時，和奶茶一起咀嚼，可以吃到堅果的口感，並享受堅果與奶茶融和的味道及香氣。

| | |
|---|---|
| ◆ 茶葉 | 2茶匙 |
| ◆ 堅果（杏仁、腰果、花生） | 3～4粒 |
| ◆ 牛奶 | 210cc |
| ◆ 動物性鮮奶油 | 適量 |
| ◆ 熱水 | 140cc |

**1 人份**

1 堅果用刀子切成碎末狀，並將2/3切好的堅果碎末放入牛奶鍋中。

2 在步驟1中加入熱水140cc及茶葉，開火加熱。

3 茶葉完全舒展，萃取出紅茶茶湯後，加入牛奶一起加熱至沸騰。

4 取一個茶杯，倒入鮮奶油，再放入剩餘的1/3堅果碎末。

5 煮好的奶茶過濾並注入茶壺中，再倒入裝有鮮奶油和堅果的茶杯中。

# 簡易的品茶時光
## ——茶包

最方便的紅茶——茶包！

近幾年，越來越容易買到品質比較好的茶葉製成的茶包。稍微花一點心思，用茶包也可以很輕鬆地享受品嘗紅茶的樂趣。

「先放熱水，後加茶包」是沖泡的重點！

## 🌱 使用茶壺沖泡

以茶包取代散裝茶葉,放入茶壺中沖泡起來更加簡便。

**2**
**人份**

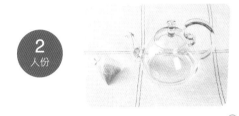

◆ 茶包 ⋯⋯⋯⋯ 2個
◆ 熱水 ⋯⋯⋯⋯ 400cc
◆ 3～4分鐘

❶ 熱水注入茶壺中。切記不要先放茶包。
如果先放茶包的話,熱水注入時的衝力
會使茶葉中的纖維質釋放出來。

❷ 茶包輕輕放到熱水上。

❸ 蓋上壺蓋。不要拉著茶包的繩子晃動,
靜置浸泡即可。

❹ 紅茶茶湯萃取好,此時茶包位置已從水
面降到茶壺底部,就是該取出茶包的時
候了。若讓茶包繼續浸泡,茶葉的纖維
質會溶解出來,紅茶會變得混濁。茶包
拿掉後,將紅茶倒入茶杯中飲用。

## 🌿 使用茶杯沖泡

茶包的魅力就在於不管何時何地，不需要特殊工具，就能輕鬆泡上一杯暖暖的紅茶享用。

⬤ 茶包 ⋯⋯⋯⋯ 1個
⬤ 熱水 ⋯⋯⋯⋯ 200cc
⬤ 3～4分鐘

❶ 馬克杯內注入8～9分滿的熱水。

❷ 放入茶包。若使用有杯蓋的馬克杯，可以蓋上杯蓋保溫。

❸ 浸泡大約2分鐘，紅茶的成分就會開始釋放出來。浸泡時間結束後，不要攪動，輕輕地取出茶包。

各式各樣的茶包

用不同茶包搭配出的簡易調配茶

▲ 用茶包沖泡紅茶時，可以選用不同風味的茶包搭配，沖泡出簡易的調配茶。除了使用不同的紅茶茶包調配，
也可以依照當天的心情，搭配紅茶茶包、香草茶茶包或是普洱茶茶包等，組合出不同味道的調配茶。

# FLAVOUR TEA

5

紅茶的另一個世界，
加味茶

紅茶加上一些變化，創造成不同的風味吧！
冰紅茶中加入一些新鮮水果，
酸酸甜甜的滋味和豔麗繽紛的水果，就是很吸睛的一道飲品。
紅茶非常適合搭配柳橙或草莓，也可以使用當季水果，製作成當令水果茶。
此外，紅茶中加入香草，可以製作成養生的香草茶，或是加入辛香料製成香料茶。
還可以在奶茶中加一些白蘭地或威士忌，製作成酒味奶茶，在睡前來一杯，
可以舒緩一天的疲勞，或是在閒暇的時候，舒適優閒地品茗。

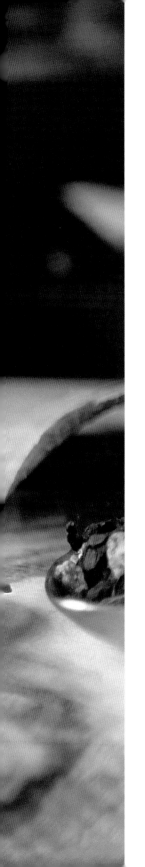

tea
5-1

# 蘊含香氣的茶葉
## ——加味茶

　　茶葉本身很容易吸附其他味道，因此保存要非常小心。紅茶公司運用茶葉的這種特性，在茶葉中加入花和水果混合，製作成獨特的調味茶葉。以紅茶為基底的加味茶中，最具代表性的就是伯爵茶，因為深受英國前首相查爾斯·格雷伯爵（Charles Grey）喜愛，而稱為伯爵茶，使用的基底是中國祁門紅茶，再加入佛手柑調合而成。

柑橘茶

俄羅斯番紅花伯爵茶

印度香料茶

法國MARIAGE FRÈRES伯爵茶

英國Harrods The Queen's Blend

　　找找看紅茶搭配什麼花草或水果組合，既不會失去紅茶本身的味道，又能適當的散發合宜的花果香吧！

　　就好比噴香水，同一款香水有的人用了有加分效果，有的人用了卻讓人紛紛走避。加味茶也是同樣的道理，在紅茶中加入適合的花草或水果，才能達到魅力加乘的效果。加味茶究竟要加什麼味道比較好呢？其實每個人對香氣的喜好都不同，並沒有好壞之分，也沒有標準的規則可循。但是如果掌握季節感，就會是很好的選擇。例如：春天適合清新花香；夏天適合柑橘香、香草香；秋冬則可以選擇適合加入奶茶中的辛香料、巧克力，或是香草莢等味道。選購的加味茶，若保存得宜，通常可保存兩年左右，無論是自己品嘗或是當作禮物送人都很適宜。

　　加味茶必須裝入遮光性好的密封罐中，放在常溫保存。沖泡用的茶壺則是選用香氣不容易滲透的瓷器或玻璃材質為佳。

# 紅茶與水果的相遇
## ——水果茶

說明紅茶香氣的時候，我們經常會使用花香或果香等字詞來形容，是因為紅茶本身也帶有香甜的氣息，因此也非常適合和新鮮的水果調合。試著在紅茶中加入新鮮水果，製作成充滿季節感和新鮮感的紅茶吧！

◆ 紅茶要搭配香氣宜人的水果！

選擇放入紅茶中的水果時，與口味相比，更重視的是香氣。另外，請選用新鮮的水果，而不要用太成熟的水果。

◆ 適合放入紅茶中的水果與使用法

**使用個性不強烈的溫和紅茶！**

請選用和任何水果混合都不衝突的溫和紅茶。

BOP碎葉茶或CTC茶萃取時間短，只需要3～4分鐘，可以在水果香氣散掉前將茶湯萃取完成。建議使用康提、汀普拉或以此兩款為基底的調配紅茶，以及肯亞CTC茶，或是印尼紅茶。

|  | 果肉 | 果皮 | 果與果皮 | 搗碎後使用 |
|---|---|---|---|---|
| 柳橙 |  |  | ○ | ○ |
| 葡萄柚 |  |  | ○ | ○ |
| 橘子 |  |  | ○ | ○ |
| 蘋果 |  |  | ○ |  |
| 香蕉 | ○ |  |  | ○ |
| 鳳梨 | ○ |  |  |  |
| 草莓 |  |  | ○ | ○ |
| 桃子 |  |  | ○ |  |
| 哈密瓜 | ○ |  |  |  |
| 葡萄 |  |  | ○ |  |

# 蘋果茶

蘋果是和紅茶香氣最適合的水果之一。

蘋果本身有很多種類，紅色的紅茶與綠色的蘋果更合適一些。

蘋果茶的魅力在於酸酸甜甜的香氣，以及蘋果釋放出來的果糖與甜味。

一杯蘋果茶，再搭配一些由蘋果醬或鮮奶油霜製成的茶點或蘋果派，

會是絕佳的組合。

**材料**
1人份

◆ 茶葉⋯⋯⋯⋯⋯⋯⋯2茶匙
◆ 蘋果（厚0.2～0.3公分）
⋯⋯⋯⋯⋯⋯⋯⋯4～5片
◆ 粉紅酒⋯⋯⋯⋯⋯1/3茶匙

（茶葉以人數＋1匙為基準；
熱水以每人份350cc為基準）

❶ 切好4～5片蘋果片，厚約
0.2～0.3公分。

❷ 茶杯先燙過，放入2～3片
蘋果片，並灑上粉紅酒。

❸ 茶壺中放入剩餘的蘋果片
和茶葉，沖入熱水。

❹ 紅茶浸泡好後，倒入茶杯
中飲用。

# 鳳梨茶

鳳梨的酸，會使茶湯色變得比較淡，
但是可以享受到熱帶的香氣與鳳梨的酸甜味。

**材料**
1人份

◆ 茶葉 ⋯⋯⋯⋯⋯⋯ 2茶匙
◆ 鳳梨（直切）⋯⋯⋯ 1/4顆
◆ 粉紅酒 ⋯⋯⋯⋯⋯ 1/3茶匙

（茶葉以人數＋1匙為基準；
熱水以每人份350cc為基準）

❶ 鳳梨不削皮，切成厚約
0.2～0.3公分的片狀。其
中一片放入預先燙過的茶
杯中做為裝飾，並灑上粉
紅酒。

❷ 剩餘的鳳梨片切掉外皮，
並用刀子稍微拍打後，放
入茶壺內。

❸ 茶葉放入茶壺中，沖入熱
水。充分浸泡後，倒入準
備好的茶杯中飲用。

# 香橙茶

強烈的柳橙香氣，加上柳橙橫切的華麗樣貌，
命名為印度花園「Shalimar tea」。

**材料**
1人份

- 茶葉 ......................... 2茶匙
- 柳橙（厚0.2～0.3公分）
  ................................. 1片
- 柳橙皮（1公分四方形）
  ............................. 2～3片

（茶葉以人數＋1匙為基準；
熱水以每人份350cc為基準）

❶ 茶杯先用熱水燙過，放入
　柳橙片。

❷ 切好的柳橙皮用手稍微捏
　幾下後，放入茶壺中。

❸ 茶壺中放入茶葉，沖入熱
　水。浸泡好之後，倒入茶
　杯中飲用。

※因為有使用柳橙表皮，建
　議用無農藥的有機柳橙。

# 健康與養生
## ——香草茶

⬧ 加了香草的健康紅茶

　　試試在紅茶中放入香草，製作成可以增進食欲、暖和身體的健康紅茶吧！

　　與純粹只有香草的香草茶相比，香草加在紅茶裡面製作成香草紅茶，味道更加豐饒、有層次。

⬧ 選擇茶葉

　　與製作水果茶一樣，要使用個性不強烈的溫和紅茶，才能使香草風味展現出來。一般使用斯里蘭卡產的康提或汀普拉、肯亞的CTC、印度產的尼爾吉利比較適合。紅茶是主角，香草是配角，因此香草的量不需要太多。

## ◆ 適合放入紅茶中的香草

| 香草 | 概略 | 味道與香氣 |
|---|---|---|
| 薄荷類<br>Mint | 廣泛用於製作飲料、<br>料理、餅乾。 | 清涼、爽快的味道。 |
| 香茅<br>Lemon Grass | 製作湯、咖裡、肉料理、<br>茶時會添加。 | 帶有檸檬香的草味。 |
| 洋甘菊<br>Chamomile | 主要使用花的部位。<br>藥用效果高，有助於解熱、<br>安眠、消腹痛、助消化。 | 具有甜味及溫和的蘋果風味。 |
| 檸檬香蜂草<br>Lemon Balm | 法國自古就愛用的香草。 | 類似於檸檬的清爽香氣，<br>帶有微微甜味。 |
| 洋菩提<br>Linden | 有名的「母親茶」，<br>具有使寶寶安定的效果。 | 溫和的味道，微甜的香氣。 |
| 薰衣草<br>Lavender | 根、花、葉都具有強烈芳香。<br>紫色的花。 | 舒服且清新的香氣。 |
| 百里香<br>Thyme | 原產於歐洲、西亞、北非。<br>沿著地面生長的低矮植物。 | 具有刺激性及強烈的香氣。 |
| 鼠尾草<br>Sage | 有許多種類。<br>請購買可食用的品種。 | 類似於樟腦的清新香氣。 |
| 迷迭香<br>Rosemary | 原產於亞洲、地中海沿岸。<br>較常生長於水岸邊。 | 強烈的清涼香氣。 |

# 薄荷茶

薄荷有綠薄荷、胡椒薄荷、蘋果薄荷等許多種類。

具有清涼感與清新的香氣，從很久以前就用來製作香草茶。

在炎熱的泰國，會將新鮮的薄荷葉用手搓揉後，加入紅茶中飲用，

是當地很受歡迎的傳統薄荷茶。

**材料**
1人份

- 茶葉 ⋯⋯⋯⋯⋯⋯ 2茶匙
- 新鮮薄荷葉 ⋯⋯⋯ 4～5片
- 乾燥薄荷 ⋯⋯⋯⋯ 少許
- 砂糖 ⋯⋯⋯⋯⋯ 1/2茶匙
- 粉紅酒 ⋯⋯⋯⋯ 1/3茶匙

❶ 茶杯先用熱水燙過，放入
　裝飾用的新鮮薄荷葉 1～
　2片，再加入砂糖和粉紅
　酒。

❷ 薄荷葉用手輕輕搓揉後，
　放入茶壺中，再放入乾燥
　薄荷。

❸ 茶葉放入裝有薄荷葉的茶
　壺中，沖入熱水。浸泡好
　後，倒入茶杯中飲用。

# 洋甘菊蘋果茶

洋甘菊有「大地的蘋果」之稱，具有極好的鎮定功效。

蘋果茶中，有真實的蘋果香，再加上類似蘋果香的洋甘菊，

呈現甘甜的風味。

**材料**
1人份

- 茶葉 ⋯⋯⋯⋯⋯⋯ 2茶匙
- 洋甘菊葉 ⋯⋯⋯⋯ 4～5片
- 乾燥的洋甘菊花 ⋯⋯ 少許
- 蘋果（厚0.2～0.3公分）
  ⋯⋯⋯⋯⋯⋯⋯⋯ 3～4片

1. 茶杯先用熱水燙過，放入2片蘋果。
2. 洋甘菊葉和剩餘的蘋果片放入茶壺中。
3. 茶葉放入茶壺中，沖入熱水，浸泡好後，將茶湯倒入茶杯中。
4. 茶杯中加入裝飾用的乾燥洋甘菊花。

# 薑茶

寒冷的冬天或是覺得快感冒時，能溫暖身體的薑茶是最好的健康飲料。

生薑四季都很容易取得，也容易保存，是家庭常備食材。

生薑具有清爽的甜香及甜味，可以緩和紅茶的澀味，喝起來更順口。

再加入蜂蜜，可以幫助消除疲勞。

嫌麻煩的話，也可以購買市售的液態蜂蜜生薑茶，加入紅茶中拌勻飲用。

**材料**
1人份

+ 茶葉 ⋯⋯⋯⋯⋯⋯ 2茶匙
+ 生薑 ⋯⋯⋯⋯⋯⋯ 適量
+ 蜂蜜 ⋯⋯⋯⋯⋯⋯ 適量

1. 刮除生薑外皮，用磨泥器磨成泥狀。加入少許熱水調合成生薑汁。
2. 茶葉放入茶壺中，沖入熱水浸泡。
3. 生薑汁加入浸泡好的紅茶茶湯中。
4. 用濾網過濾生薑紅茶，並注入茶杯中。加入蜂蜜或砂糖調味後飲用。

# 紅茶與酒的相遇──
# 白蘭地 & 威士忌奶茶

熱紅茶中加入酒精飲料，用來溫暖身體和心靈。

寒冷天氣的時候，來一杯，既能溫暖身體，也能消除疲勞。熱紅茶浸泡好之後，加入少許白蘭地或威士忌，還可以加入水果、果醬、香草、辛香料或是牛奶，製作成不同的飲品。

# 白蘭地奶茶

奶茶香中，加入香氣濃郁的白蘭地，
味道瞬間升級，變成帶點華麗感的奶茶。
茶葉適合使用大吉嶺、祁門、烏巴、努沃勒埃利耶、
伯爵等香氣芬芳的紅茶。

**材料**
1人份

◆ 茶葉 ⋯⋯⋯⋯⋯ 2茶匙
◆ 白蘭地 ⋯⋯⋯ 10～15cc
◆ 牛奶 ⋯⋯⋯⋯ 20～30cc

❶ 茶杯用熱水燙過，倒入牛奶。

❷ 白蘭地加入裝有牛奶的杯中。

❸ 茶葉放入茶壺中，沖入熱水350cc。茶湯浸泡好後，注入裝有白蘭地牛奶的茶杯中。

# 愛爾蘭奶茶

若沒有愛爾蘭威士忌，也可以用其他威士忌替代。很適合在天冷時飲用。

茶葉適合用阿薩姆、祁門、烏巴等個性鮮明的紅茶。

**材料**

1人份

- 茶葉 ⋯⋯⋯⋯⋯⋯ 2茶匙
- 愛爾蘭威士忌 ⋯ 20～30cc
- 牛奶 ⋯⋯⋯⋯⋯ 40～50cc

❶ 茶杯用熱水燙過，倒入牛奶。

❷ 威士忌加入裝有牛奶的杯中。

❸ 茶葉放入茶壺中，沖入熱水350cc。茶湯浸泡好後，注入裝有威士忌牛奶的茶杯中。

# 自製咖啡館飲品
## ——加味冰茶飲

冰紅茶可以變化成許多種加味冰茶飲。用透明玻璃杯盛裝，放入各種
繽紛鮮豔的水果、香草，在家自製各種美味又吸睛的冰茶飲，招待朋友
吧！炎炎夏日，沒有比這個更好的招待飲品了。

# 冰哈密瓜茶

使用清爽的夏季水果——哈密瓜，放入玻璃杯中，
或是用來裝飾，一次體會視覺與香氣的享受。

**材料**
1人份

+ 冰紅茶 ⋯⋯⋯⋯ 120cc
+ 哈密瓜（1/4顆切成寬
  1cm的彎月狀）⋯ 1顆
+ 碎冰塊 ⋯⋯⋯⋯ 適量
+ 糖漿 ⋯⋯⋯⋯ 適量

❶ 彎月狀的哈密瓜片，從
   中間切成對半，其中一
   半再切成三等分，放入
   玻璃杯中。

❷ 碎冰塊裝入玻璃杯中約
   7分滿，倒入冰紅茶。

❸ 剩下的哈密瓜掛在杯
   緣，或是切塊鋪在冰塊
   表面，做為裝飾。

❹ 依個人喜好加入糖漿調
   味。

# 冰草莓茶

具有酸酸甜甜草莓香氣的誘人冰紅茶。

草莓的果糖融入紅茶中，可以感受到淡淡的天然甜味。

草莓的綠色蒂頭，在橘紅色的茶湯中非常亮眼，

不要切除，可以用來裝飾。

### 材料
**1人份**

- ◆ 冰紅茶 ⋯⋯⋯⋯⋯⋯ 120cc
- ◆ 草莓（帶綠色蒂頭）⋯⋯ 2顆
- ◆ 碎冰塊 ⋯⋯⋯⋯⋯⋯ 適量
- ◆ 糖漿 ⋯⋯⋯⋯⋯⋯⋯ 適量

冰紅茶加牛奶，可以中和紅茶的澀味，變得順口。再加入壓成果泥的草莓，會讓冰奶茶增添草莓香，變成夢幻的淺粉紅色。最後加上少許糖漿調味，即完成冰草莓奶茶。

❶ 其中1顆草莓切掉蒂頭，先對切1/2後，再橫切成1/2。

❷ 橫切好的下半部草莓壓碎成果泥，放入玻璃杯中。

❸ 碎冰塊裝入玻璃杯中約7分滿，倒入冰紅茶。

❹ 剩下的切好的草莓放入玻璃杯中，再將另一顆完整草莓放在最上方做為裝飾。

❺ 依個人喜好加入糖漿調味。

# 冰正山小種檸檬茶

最早令歐洲人著迷的紅茶——正山小種Lapsang Souchong。

正山小種具有特殊的龍眼香與松木煙燻香氣。

直接用熱水沖泡後，就有迷人的味道及香氣，

製作成冰紅茶也別有一番風味。

## 材料
### 1人份

+ 正山小種茶葉 ⋯⋯⋯⋯ 2茶匙
+ 冰紅茶 ⋯⋯⋯⋯⋯⋯ 120cc
+ 冰塊 ⋯⋯⋯⋯⋯⋯⋯ 適量
+ 糖漿 ⋯⋯⋯⋯⋯⋯⋯ 適量
+ 檸檬 ⋯⋯⋯⋯⋯⋯⋯ 1片

❶ 使用正山小種紅茶，以急速冷卻方式，製作成基礎冰紅茶。

❷ 玻璃杯中裝入8分滿的冰塊，再倒入步驟1的冰紅茶。

❸ 放入檸檬片，依個人喜好加入糖漿調味。

# 潘趣茶

潘趣（Punch）是古印度國王的消暑飲品，在印地語中，是數字5的意思。

使用5種水果及少許的酒，加入冰紅茶中調製而成，

是類似雞尾酒的飲料。清透的冰紅茶中，加入各式各樣的水果，

除了滋味豐富，還可以欣賞到水果的繽紛色彩，

是一道相當華麗的飲品，很適合在炎熱的夏季招待客人。

**材料**
**10人份**

- 水果（草莓、鳳梨、檸檬、柳橙、蘋果等）⋯⋯⋯⋯ 200克
- 冰紅茶（尼爾吉利、康提等）⋯⋯⋯⋯⋯⋯⋯⋯⋯ 2升
- 紅酒 ⋯⋯⋯⋯⋯⋯⋯⋯⋯ 50cc
- 糖漿 ⋯⋯⋯⋯⋯⋯⋯⋯⋯ 300cc
- 冰塊 ⋯⋯⋯⋯⋯⋯⋯⋯⋯ 適量
- 汽水 ⋯⋯⋯⋯⋯⋯⋯⋯⋯ 100cc
- 新鮮香草葉（薄荷、迷迭香等）⋯⋯⋯⋯⋯⋯⋯⋯⋯ 少許

① 水果連皮切成適口大小。

② 使用大的調酒盆，倒入冰紅茶、紅酒、糖漿充分攪拌均勻。

③ 加入切好的水果。

④ 加入滿滿的冰塊，並倒入汽水拌勻。最後用新鮮的香草葉做裝飾。

# 柳橙冰紅茶

尼爾吉利的清爽感，加上柳橙汁的酸甜，

交融出絕妙滋味，令人彷彿置身在花田之中。

紅茶的橘紅色和柳橙汁的顏色非常協調，更能突顯紅茶的清透感。

**材料**

1人份

- 冰紅茶 ·············· 120cc
- 尼爾吉利 ·············· 2茶匙
- 柳橙汁 ·············· 40cc
- 糖漿 ·············· 30cc
- 大冰塊 ·············· 適量

❶ 使用尼爾吉利茶葉製作基礎冰紅茶。

❷ 柳橙汁中加入糖漿拌勻，倒入玻璃杯中。再加入大冰塊。

❸ 步驟1的冰紅茶加入步驟2中。加入紅茶時，慢慢倒在冰塊上，可以使紅茶與下方的柳橙汁糖漿形成分層，製造出視覺效果。

# 薰衣草葡萄柚茶

薰衣草（Lavender）在法文中，具有「洗滌」的意思，
用以表示潔淨、純潔，也常用來製造美容、健康用品。
使用清爽的葡萄柚香和具有清涼感的薰衣草混合成冰紅茶試試看吧！

**材料**
1人份

◆ 茶葉 ············ 淺淺的2茶匙
◆ 薰衣草 ············ 1/5茶匙
◆ 葡萄柚 ············ 1小塊
◆ 葡萄柚皮（1cm四方形）
　　　　　　　　 1～2片
◆ 冰塊 ············ 適量

❶ 茶壺中放入薰衣草1/5茶
　匙。

❷ 切片的葡萄柚皮用手稍微
　捏幾下，放入茶壺中。

❸ 茶葉放入茶壺中，沖入熱
　水，浸泡好後，倒入裝有
　冰塊的容器中急速冷卻，
　製作成冰紅茶。

❹ 玻璃杯中放入冰塊，注入
　薰衣草冰紅茶。

❺ 玻璃杯上用切片葡萄柚做
　裝飾。

# 紅茶莫希托

莫希托（Mojito）是《老人與海》的作者海明威最喜愛的雞尾酒。
檸檬和薄荷調配出沁涼清爽的風味，是很適合夏天的一款雞尾酒。
品嘗看看加了紅茶的莫希托，感受它特殊的風味和新鮮感吧！

## 材料
### 1人份

- 茶葉（尼爾吉利、康提）
  ——————————— 2茶匙
- 汽水（汽泡水）———— 150cc
- 莫希托糖漿 ———————— 30cc
- 萊姆 ————————————— 3小塊
- 蘭姆酒 ———————————— 少許
- 蘋果薄荷 ————————— 15片
- 檸檬／冰塊 —————————— 適量

① 玻璃杯中放入莫希托糖漿和蘭姆酒，稍微攪拌一下。

② 加入萊姆、蘋果薄荷，並倒入汽水。

③ 放入冰塊，用湯匙搗拌一下。

④ 茶葉沖泡好的冰紅茶，慢慢倒在冰塊上。

⑤ 最後放上檸檬片和薄荷葉做裝飾。

INSTRUMENT

令人愛不釋手的
紅茶茶具

為了品嘗美味的紅茶，必要的基本茶器及配件。
優閒的午茶時光，不只講求茶葉的品質，美麗感性的茶具和配件也很重要。
尋找使用起來方便，並能將紅茶味道充分發揮的泡茶工具吧！

tea
6-1

# 品茶時光的主角
## ——茶壺 & 茶杯

　　曾有一段時間對歐洲貴族來說，擁有華麗優雅的中國陶瓷器可以說是身分地位的象徵。在17世紀初期，茶葉西傳，喝茶的工具也一起傳到歐洲。歐洲貴族為了彰顯自己的高貴，喝茶時都要使用昂貴又優雅的中國茶具、茶杯。

## 茶壺

　　珍貴的中國茶器不是誰都能擁有的。所以一開始使用的是用銀去粗製的四方形壺器。這種銀製壺器不只用來喝茶，也會用來煮咖啡或巧克力。漸漸地，銀器工匠開始模仿中國瓷器的形狀，製作成優雅的銀製茶壺、茶杯。之後，經由努力不懈地研究，歐洲也研發出陶瓷器——添加牛骨製成的骨瓷（bone china），並用此工法，製作出骨瓷茶具。

　　顏色柔白、壺壁薄而堅實、保溫性好的陶瓷器最適合用來沖泡紅茶。茶壺形狀以能使跳躍現象充分發揮的圓形壺為佳。壺把要牢固，有穩定感，好拿握的為佳。

　　兩人用的茶壺一般會製作成容量約700～750cc的大小，大約能裝5杯茶。而最常見的茶壺尺寸為三人用，容量約1000～1200cc，大約能裝7～8杯茶。

▲ 茶壺是享用紅茶不可或缺的工具之一。除了講求沖泡的功能性之外，也必須考量布置茶桌時，茶壺的裝飾性。研究茶壺的形態、材質、顏色、花紋，選擇符合氛圍的茶壺吧！

**TEAPOT**

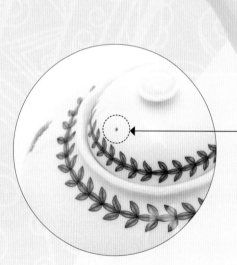

◇ 卡榫 Stopper

茶壺蓋內凸起的部位,是防止壺蓋掉落的卡榫,可以固定
住壺蓋。即使單手倒茶,也不用擔心茶壺蓋會脫落。

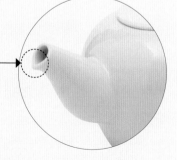

◇

茶壺蓋上的孔洞

空氣流通的孔洞,能使茶湯順暢地流出。雖然
有的茶壺沒有這個孔洞,但是會另外在茶壺蓋
的密合處預留一點能使空氣流通的細縫。

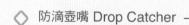

◇ 防滴壺嘴 Drop Catcher

倒紅茶茶湯時,要一滴不剩地倒光。製作優良
的茶壺,壺嘴在斷水時,乾淨俐落,不會有茶
湯懸在壺嘴,或是回流到茶壺內。選購茶壺
時,要留意這個部位的細節。

## 輔助茶壺

　　輔助茶壺通常用來盛裝熱水，或是盛裝過濾掉茶葉的紅茶茶湯。沖泡好的茶湯，會先倒一部分在茶杯中，為了避免茶葉繼續浸泡變得苦澀，會將剩餘的茶湯以濾網過濾，注入輔助茶壺中，再用茶罩包覆保溫。也可以在輔助壺中加熱水，調整茶湯的濃度後再飲用。

◇　輔助茶壺
比沖泡茶葉的茶壺小一點的壺。

## 茶杯

　　歐洲過去曾使用來自中國沒有握柄的茶杯，當地陶藝工匠也爭相模仿製作同樣形狀、大小的茶杯。然而這樣的茶杯飲用熱紅茶會燙手，才演變出今日常見的有握柄的茶杯。

　　紅茶茶杯與咖啡杯相比，杯口比較寬，杯壁也比較薄。這樣的寬口設計，在我們將茶杯拿到嘴邊時，能充分感受到凝聚在杯口的紅茶細緻芬芳。薄而透光的骨瓷或紅茶杯，則能凸顯茶湯的色澤。

　　與咖啡杯的杯托相比，紅茶茶杯的杯托也比較大。

▲ 茶杯種類豐富，有很高的裝飾性，甚至當作收藏品。
若想欣賞茶湯美麗的色澤，選用設計簡單、內壁為白
色的茶杯為佳。

TEACUP

INSTRUMENT

# 令茶桌充滿
# 個人風格的茶配件

## 糖罐

　　砂糖剛傳入歐洲時，是只有貴族才吃得到的高價品，因此當時盛裝砂糖的糖罐，大部分都做得又大又華麗。砂糖漸漸普及後，糖罐的尺寸才慢慢變小。

　　有的小糖罐尺寸比較小，但是看起來漂亮又高雅。選購時，可以挑選具裝飾性的糖罐來裝飾茶桌，或是選擇能與既有收藏的茶具搭配的款式。

　　糖罐內盛裝的糖，最常見的是不會損害紅茶原有湯色的白砂糖，但是也可以盛裝冰糖或方糖等不同糖類。

SUGAR POT

## 牛奶壺

　　用來盛裝牛奶的容器。英國式的奶茶每一杯大約會使用20～30cc的牛奶，因為考量每個人都不止喝一杯，所以牛奶壺都做得比較大，通常製作成可以盛裝150～200cc牛奶的容量。

## ⚘ 濾網

　　濾網可以阻絕紅茶茶葉及其他材料殘渣，讓純淨的茶湯進入茶杯中。17世紀中葉時，沖泡的中國茶常會有茶梗或灰塵飄浮在茶壺表面，因此在湯匙上打洞，用以撈掉這些雜質，之後漸漸演變成今日的濾網。

　　特別的是在19世紀以後，開始引進印度、斯里蘭卡的紅茶，飲用此產地代表性的BOP碎葉茶，濾網就是必備的泡茶器具了。濾網有銀製、不鏽鋼製、鍍銀等許多材質可以選擇。

⚠ 目前最普遍的不鏽鋼濾網。
有各式各樣的造型。

STRAINER

## 沙漏

計算茶葉浸泡時間的工具。造型多樣，具有電子計時器無法取代的魅力。

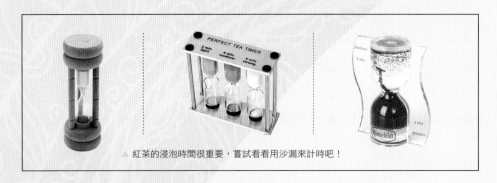

▲ 紅茶的浸泡時間很重要，嘗試看看用沙漏來計時吧！

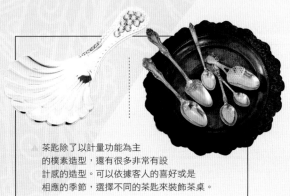

▲ 茶匙除了以計量功能為主的樸素造型，還有很多非常有設計感的造型。可以依據客人的喜好或是相應的季節，選擇不同的茶匙來裝飾茶桌。

## 茶匙

茶匙通常會比攪拌用的咖啡匙大一點。用茶匙裝滿一匙茶葉，大約是3克，用來計算茶葉量也很方便。

## 濾茶器

濾茶器就像是可以重複使用的茶包。是一種以濾網或許多孔洞組成的小型容器，先裝進茶葉，再放入裝有熱水的茶壺或茶杯中，浸泡出茶湯。但是茶葉其實很難在濾茶器中充分舒展，所以比較不適合用來沖泡高品質的茶葉。

## 🍃 茶罩

　　紅茶浸泡期間，為了保持溫度，可以用茶罩包覆茶壺保溫。有客人來訪時，紅茶浸泡好之後，通常會先每人各倒一杯茶，剩下的茶湯過濾後裝入輔助茶壺，一邊聊天慢慢品嘗紅茶，此時為了避免紅茶冷掉，就需要用茶罩來保持壺中紅茶的溫度。

▲ 茶罩的用途是包覆茶壺，使浸泡中或是浸泡好的紅茶保持溫度。茶罩的造型和花紋種類繁多，可以依照當天品茗氛圍選用符合的樣式。

## 🍃 茶罐

　　保存茶葉的容器。在17～18世紀時期的英國，紅茶屬於高價品，只有貴族及富裕階層有能力享用，也象徵權勢與財富。那時的紅茶甚至也像珠寶首飾一樣，用可上鎖的保管箱收納。如今的紅茶保存，只要是能阻絕濕氣、高溫、直射光線的密封性容器，都可以拿來收納茶葉。茶罐的材質有陶瓷、鐵罐、塑膠等，可以自由選用，但是要留意必須具有密封性及遮光效果。

▼ 茶罐的材質和樣式多元，密封性高是挑選重點。

Part Two
紅茶與文化
Tea &
Culture

# ORIGINE

7

## 紅茶產地之旅

紅茶的個性取決於產地。
得天獨厚的氣候條件下產出的高品質生葉，
再加上精良的製茶技術，才能造就出世界級的紅茶。
全世界主要的紅茶產地有印度、斯里蘭卡、中國、台灣、印尼、肯亞，
一起走一趟茶園探訪之旅，了解當地茶園的現況及歷史吧！

# 印度

Darjeeling

Assam

Nilgiri

*India*

## 大吉嶺　*Darjeeling*

「古典珍欉Vintage紅茶」的天堂——大吉嶺
以大吉嶺高山地區的中國種茶樹製作的「紅茶中的香檳」大吉嶺茶

　　印度是世界第一的紅茶生產國（每年近100萬噸），同時本身也是紅茶的消費大國。紅茶中的紅茶——大吉嶺茶，其產地大吉嶺地區，位在西孟加拉邦北部海拔2300公尺的地方。也是印度唯一成功栽種中國種茶樹的地區。英國殖民印度期間，因為對中國紅茶的狂熱需求，而引進中國種茶樹在印度各地區試種，但是其他區域都栽種失敗，唯有種植在大吉嶺地區的中國種茶樹成功存活下來。目前大吉嶺地區的80多個茶園有很多是種植中國種和阿薩姆種雜交培育而成的「Clonal」茶樹，味道纖細隱微。大吉嶺地區日夜溫差大，每天都會起霧好幾次。就是霧的濕氣與溫暖的陽光反覆交替的氣候，造就了大吉嶺特有的高雅香氣。此地的紅茶製茶工法仍然維持傳統製茶法，以揉捻機揉捻茶葉後發酵，使香味保留。與南印度相

ORIGINE

比，大吉嶺的氣溫比較寒冷，一年採收3～4次，各產季的紅茶特性分明，分為首摘茶、次摘茶、雨季茶、秋茶。

首摘茶具有類似綠茶的清新感，並帶有高雅的麝香葡萄香氣，產量少，價格高昂。次摘茶經常稱為Muscatel（麝香葡萄），具有後韻回甘、湯色美麗、類似成熟果實般的高雅香氣等特質，而且價格比首摘茶更親民，因此受到許多人喜愛。也有一些人特別鍾愛味道醇厚的大吉嶺秋茶。若紅茶標榜產自單一茶園的單一品種茶葉，會稱為「古典珍檔茶Vintage」或是「單一莊園茶Single Estate」，這種帶有茶園名字的紅茶一般都是該茶園品質最好的茶，價格不菲。目前大吉嶺地區生產最多的就是「古典珍檔茶」。

香味分析：

本書中的香味分析是作者親自以紅茶評鑑方式品評，針對紅茶的5種特性：香氣、苦味、澀味、湯色與收斂性進行品評分析之後，以各種特性的強弱程度由0～5標記而成。

大吉嶺首摘茶
*Thurbo T.E 1st Flush Moonlight*

茶葉與湯色、香味分析

香氣5 苦味2 澀味2 湯色1 收斂性0

| 味道 | 清爽的澀味 |
|---|---|
| 萃取時間 | 350cc／4g／5分鐘 |
| 推薦萃取法 | 純紅茶 |

3～4月初春採收的首季紅茶。具有細緻且清新的麝香葡萄或蘋果香氣，因此稱為「紅茶中的香檳」。湯色呈現非常淺的橘色，透明度高。茶葉中銀毫含量高，發酵程度低，具有綠茶般的清新感。

## 大吉嶺次摘茶
*Thurbo T.E Muscatel FTGFOP1*

**茶葉與湯色、香味分析**

香氣⑤ 苦味② 澀味② 湯色② 收斂性⓪

| | | |
|---|---|---|
| 味道 | \| | 在口中爆開的強烈刺激感。<br>成熟的水果香 |
| 萃取時間 | \| | 350cc／4g／4分鐘 |
| 推薦萃取法 | \| | 純紅茶 |

5～6月間採收的第二季紅茶。具有成熟的水果香，可以感受到強烈的紅茶味道。湯色呈現美麗且透明的橘紅色澤，並且可以看到鮮明的金色光圈。具有類似麝香葡萄香的水果香，並能感受到回甘的後韻。


## 大吉嶺秋茶
*Gopaldhara T.E FTGFOP1 Red Thunder Classic*

**茶葉與湯色、香味分析**

香氣④ 苦味① 澀味③ 湯色③ 收斂性①

| | | |
|---|---|---|
| 味道 | \| | 有深度且鮮明的澀味 |
| 萃取時間 | \| | 350cc／4g／4分鐘 |
| 推薦萃取法 | \| | 純紅茶、奶茶 |

9～10月間採收的秋茶。甜味變高。具有能感受到刺激及深度的澀味。長期喝紅茶的紅茶愛好者的最愛。湯色呈現深沉而美麗的深紅色。香氣是深邃的麝香葡萄及蘋果香。

# 阿薩姆 ❧ *Assam*

生產出印度紅茶一半以上產量的肥沃大地，一望無際的茶園
具有甜蜜的香氣、鮮明的口感，以及深橘湯色的美麗阿薩姆茶

　　阿薩姆是世界最大的紅茶產地。茶園裡種了很多為了緩和強烈日照的遮陰樹（shadow tree），成為阿薩姆茶園的特殊景致。雖然同樣位於印度東北部，大吉嶺屬於高山地區的階梯式茶園，阿薩姆則是平原地形，茶園平坦而廣闊，茶樹品種也不同。夾帶濕氣的季風受到喜馬拉雅山脈阻擋而沉降，形成大量降雨，使河流的水源豐沛，河面蒸發的水蒸氣使茶葉能保持濕潤，這種濕氣造就阿薩姆茶獨特的澀味。這裡種植的茶樹為葉面大小約15cm的大葉種，因為葉子大片，每人一天手摘的生葉量可達30公斤左右，印度紅茶有一半以上的生產量來自這裡。3～12月都可以採收生葉，但高品質的茶葉則是採摘4月中旬起80天內生葉製成的次摘茶。

　　阿薩姆茶的味道濃厚而有深韻，具有深邃的香氣及湯色。若用硬水沖泡，可以降低澀味，並且讓湯色變得更深濃，加入牛奶製作成奶茶，可呈現出誘人的奶油棕色。很適合用來製作印度人喜愛的印度奶茶（Chai），因此印度本身也是阿薩姆茶消費量很高的國家，這裡生產的90%紅茶都是以適合製作印度奶茶的CTC工法製作而成。

　　1823年發現阿薩姆種茶樹，紅茶歷史產生巨大變化。英國在殖民地印度發現阿薩姆種茶樹之後，不再需要依賴從中國進口紅茶，成功地自行栽培茶樹，並製作出阿薩姆紅茶。

## 阿薩姆首摘茶
### Assam FTGFOP1

**茶葉與湯色、香味分析**

香氣③ 苦味③ 澀味③ 湯色④ 收斂性③

| 味道 | 甜味與澀味兼具 |
| --- | --- |
| 萃取時間 | 350cc／4g／4分鐘 |
| 推薦萃取法 | 純紅茶 |

大吉嶺首摘茶的外形、茶味皆類似綠茶，但是阿薩姆首摘茶則完全不同。含有大量金毫的高品質阿薩姆茶，即便是首摘茶，也已經具備阿薩姆茶特有的強烈滋味。茶香中帶有淡淡的麥芽香氣，味道兼具甜味與澀味。湯色呈現透明度極高的橘紅色，可以看到明顯的金色光圈。

## 阿薩姆次摘茶
### Doomni T.E FTGFOP1

**茶葉與湯色、香味分析**

香氣④ 苦味③ 澀味② 湯色③ 收斂性⑤

| 味道 | 柔和的澀味 |
| --- | --- |
| 萃取時間 | 350cc／4g／4分鐘 |
| 推薦萃取法 | 純紅茶 |

可以感受到溫和的甜味和鮮明的口感，收斂性極高。經過深度發酵後產生的麥芽香氣是其迷人之處。湯色非常漂亮，呈現明亮清透的橘紅色，並有鮮明的金色光圈。

## 阿薩姆CTC
### Dhoedam T.E BP

**茶葉與湯色、香味分析**

香氣① 苦味③ 澀味③ 湯色⑤ 收斂性④

| 味道 | 淡淡的甜味中，含有澀味 |
| --- | --- |
| 萃取時間 | 350cc／4g／4分鐘 |
| 推薦萃取法 | 奶茶 |

茶包普及後，CTC茶葉的需求量大增，因此阿薩姆地區很早就引進CTC製茶技術。CTC工法製成的紅茶，其紅茶成分能快速萃取出來，雖然紅茶的香氣或個性比較弱，但是只要3分鐘就能沖泡出澀味強烈且湯色深濃的紅茶，很適合用來製作奶茶。

## 尼爾吉利 *Nilgiri*

位於南印度高原地區，具有美麗景致的大規模茶園
適合沖泡清爽冰紅茶的尼爾吉利紅茶、喀拉拉紅茶

　　位於印度南端的尼爾吉利，與大吉嶺、阿薩姆並列為印度紅茶的三大產區。尼爾吉利位處高原，茶園廣闊。白天經常起霧，氣溫偏低。以地理位置來看，非常靠近斯里蘭卡，氣候也相似，生產出的茶葉也近似於斯里蘭卡紅茶。有別於個性強烈的大吉嶺或阿薩姆茶，尼爾吉利茶沒有什麼特別突出的特性，但這就是尼爾吉利茶本身的個性。

　　受到季風影響，7～8月短暫的乾季是尼爾吉利茶的茗品季節。此時節的尼爾吉利茶帶有清新及甜蜜的果香。沒有明顯特性的尼爾吉利茶用途廣泛，可製作調配茶，當作加味茶的基底，或是加入水果、香草製作成加味冰茶飲。近幾年茶葉工廠的製茶設備都很完善，所以主要生產CTC茶葉為主，但是若要生產香氣或味道出眾的茶葉，仍會將其製成OP全葉形茶葉。

　　此外，尼爾吉利南方的喀拉拉邦，在海拔1500公尺的高原上，有個叫做蒙納（Munnar）的地區，這裡有著遼闊的茶園，並大規模地生產紅茶。蒙納的茶園是印度最大的塔塔集團（Tata Foundation）和部分個人茶農持有，接連並排沒有間斷的茶樹，就像是起起伏伏的綠色波浪，非常壯觀。美麗的風景加上涼爽的高原氣候，近幾年成為頗受歡迎的觀光勝地。

　　1823年在阿薩姆發現茶樹之後，英國人就在印度各地栽種茶樹。他們渴望製作出和中國茶一樣的茶葉，而在尼爾吉利的高原上種了兩萬多棵中國種茶樹苗，但是最後成功存活下來只有幾十顆，最終改種了阿薩姆種茶樹，在1853年尼爾吉利才有了第一座茶園。栽培技術成熟後，這裡也成功種植出中國種茶樹，並以中國種及阿薩姆種的雜交種茶樹開拓大規模茶園。主要生產CTC茶葉，但是也生產出口用的OP全葉形茶葉。

## 尼爾吉利 FOP
*Premiers The Passion of Purity Grade Fresh*

**茶葉與湯色、香味分析**

香氣 1 苦味 1 澀味 1 湯色 2 收斂性 1

| | | |
|---|---|---|
| 味道 | \| | 清新淡薄的味道 |
| 萃取時間 | \| | 350cc／4g／4分鐘 |
| 推薦萃取法 | \| | 純紅茶、冰紅茶 |

香氣和味道都沒有特別突出的特性。屬於後韻純淨的典型紅茶風味。湯色呈現通透的淺紅色。具有柔和的甜蜜水果香。適合用來製作冰紅茶或檸檬茶。

---

## 尼爾吉利 CTC

**茶葉與湯色、香味分析**

香氣 1 苦味 1 澀味 1 湯色 4 收斂性 1

| | | |
|---|---|---|
| 味道 | \| | 具刺激性並帶有甜味的澀味 |
| 萃取時間 | \| | 350cc／4g／4分鐘 |
| 推薦萃取法 | \| | 奶茶、冰紅茶 |

湯色和香氣偏濃，澀味適宜的典型紅茶。適合用來製作奶茶或印度奶茶。

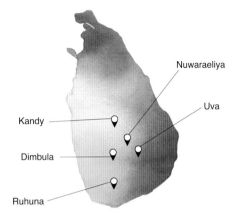

### tea 7-2 | 斯里蘭卡

# Sri Lanka

Nuwaraeliya

Uva

Kandy

Dimbula

Ruhuna

紅茶的代名詞錫蘭茶，是味道、香氣、湯色都很均衡的標準紅茶。

斯里蘭卡的舊名為錫蘭（Ceylon），因此至今仍有人將斯里蘭卡紅茶稱為錫蘭茶。其紅茶生產量僅次於印度，是世界第二大紅茶生產國，但是紅茶出口量為世界第一。長久以來，錫蘭一直是紅茶的代名詞。

錫蘭茶的產地以海拔高度做為區分，海拔0～600公尺為低海拔茶（Low grown）；600～1200公尺為中海拔茶（Medium grown）；1200～1800公尺為高海拔茶（High grown）。高品質的錫蘭茶產自高海拔區域。

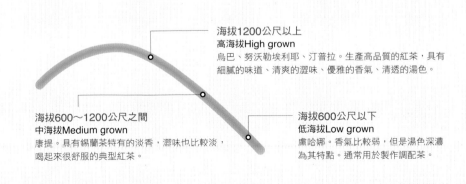

**海拔1200公尺以上**
**高海拔High grown**
烏巴、努沃勒埃利耶、汀普拉。生產高品質的紅茶，具有細膩的味道、清爽的澀味、優雅的香氣、清透的湯色。

**海拔600～1200公尺之間**
**中海拔Medium grown**
康提。具有錫蘭茶特有的淡香，澀味也比較淡，喝起來很舒服的典型紅茶。

**海拔600公尺以下**
**低海拔Low grown**
盧哈娜。香氣比較弱，但是湯色深濃為其特點。通常用於製作調配茶。

# 汀普拉 *Dimbula*

清新的汀普拉茶，味道柔和且具有花香，是接受度相當高的紅茶

　　汀普拉位於斯里蘭卡的中央山脈，全年都能生產品質穩定的紅茶。
屬於海拔高度介於1200～1600公尺間的高山茶園，但是正午氣溫可達到
30℃。味道柔和是汀普拉茶的特性，也因為沒有比較獨特的個性，通常用
於製作調配茶或加味茶。

　　當地紅茶大多以傳統製茶法製成BOP碎葉形茶葉為主流，但是近幾年
以CTC技術產製的茶葉有漸漸增加的趨勢。季風吹拂的1～2月為汀普拉茶
的茗品季節，此時節生產的高品質茶葉具有玫瑰花香及鮮明的澀味。除了
茗品季節之外，一般產季也能生產出一定品質的茶葉。

　　斯里蘭卡的茶園開發始於1857年左右，當時的咖啡農園遭受到嚴重的
黃銹病害而紛紛荒廢，所以改成栽種茶樹並生產紅茶。汀普拉茶園的海拔
高度比努沃勒埃利耶及烏巴略低一些，但是目前已成為斯里蘭卡茶的5大
產區之一。

## 茗品季節的汀普拉
*Kenil worth T.E*

**茶葉與湯色、香味分析**

香氣 ③ 苦味 ③ 澀味 ③ 湯色 ③ 收斂性 ②

| | | |
|---|---|---|
| 味道 | \| | 能感受到甜味的清爽澀味 |
| 萃取時間 | \| | 350cc／4g／4分鐘 |
| 推薦萃取法 | \| | 純紅茶、冰紅茶 |

季風吹拂的茗品季節生產出的最高品質汀普拉紅茶，具有甜甜的玫瑰香及清爽鮮明的澀味。後韻純淨。茶湯透明度極高，色澤呈現清亮的明紅色。

## 汀普拉 BOP
*Laxapana T.E*

**茶葉與湯色、香味分析**

香氣 ② 苦味 ④ 澀味 ③ 湯色 ③ 收斂性 ②

| | | |
|---|---|---|
| 味道 | \| | 優美的澀味 |
| 萃取時間 | \| | 350cc／4g／4分鐘 |
| 推薦萃取法 | \| | 純紅茶、奶茶 |

茗品季節以外的汀普拉茶，屬於個性不突出的標準型紅茶，帶有微微花香，入喉時有清爽的微澀味。加入牛奶的話，可以突顯其甜味，製作出口味清爽的奶茶。

# 烏巴　*Uva*

與大吉嶺、祁門並列世界三大紅茶的烏巴
有著英國人最愛的強烈澀味及深濃湯色，很適合製作奶茶

　　烏巴與斯里蘭卡大部分的紅茶，目前都仍是以傳統製茶法製作為主。一整年都可以收成採摘茶葉。烏巴的茶園大多位處於面向孟加拉灣的海拔1400～1700公尺山區。其栽種規模與印度的尼爾吉利產區不相上下，大約3萬5千公頃左右。茗品季節的降雨量低而生葉收穫量減少，但是茶葉品質相對提升。烏巴的茗品季節為7～8月，生產出的紅茶具有鮮明而刺激的澀味。特殊的地理環境造就出烏巴紅茶特有的果香、刺激的澀味以及深濃的湯色。

茗品季節的烏巴
*Lupicia BOP Quality 2613*

**茶葉與湯色、香味分析**
香氣 3　苦味 5　澀味 4　湯色 4　收斂性 4

| 味道 | 具有強烈但諧調的澀味和苦味 |
| --- | --- |
| 萃取時間 | 350cc／4g／4分鐘 |
| 推薦萃取法 | 純紅茶、奶茶 |

7～8月生產的茗品季節烏巴茶，湯色呈現透明度極佳的美麗橘紅色。一入口就有很強烈的香氣衝上鼻腔。甜蜜的果香裡，帶有薄荷的清爽香氣，入口時可以感受到甜味。

## 烏巴 OP

**茶葉與湯色、香味分析**
香氣④ 苦味② 澀味③ 湯色② 收斂性②

| 味道 | 諧和的強烈澀味和苦味中，帶有鮮明的甜味 |
|---|---|
| 萃取時間 | 350cc／4g／4分鐘 |
| 推薦萃取法 | 純紅茶 |

紅茶茶葉的形狀比較大。風味柔順，澀味不強烈。湯色呈現淺橘紅色。具有甜蜜的玫瑰香氣。

---

## 烏巴 BOP

**茶葉與湯色、香味分析**
香氣③ 苦味② 澀味④ 湯色④ 收斂性③

| 味道 | 強烈而刺激的澀味 |
|---|---|
| 萃取時間 | 350cc／4g／4分鐘 |
| 推薦萃取法 | 奶茶 |

將烏巴的強烈澀味完整發揮出來的BOP碎葉形茶葉。從深色的茶葉外觀就能感受它的發酵程度極高。湯色呈現散發深紅色光澤的橘紅色。具有甜蜜玫瑰般的高雅香氣，以及強烈的澀味及口感。

ORIGINE

# 努沃勒埃利耶 *Nuwara Eliya*

帶有優雅柑橘香和標準紅茶澀味的努沃勒埃利耶茶

　　位於斯里蘭卡中南部的努沃勒埃利耶，正午氣溫大約20～25℃，早晨及傍晚則為5～14℃，氣候涼爽宜人，過去是英國人的避暑勝地。因為早晚溫差大，茶葉中形成澀味的單寧酸成分增加，成為具有強烈個性的茶葉。

　　努沃勒埃利耶為斯里蘭卡海拔高度最高的紅茶產區，位在海拔1800公尺的高山。至今仍堅持用傳統製茶法製茶，而未使用CTC製法大量生產。茗品季節雖然是1～2月，但是全年都可以生產出有如春茶般味道清新的茶葉。味道清爽中帶有澀味，湯色呈現淺橘紅色。甜蜜的柑橘香氣中帶有淡淡的清新草香。

　　努沃勒埃利耶位處海拔高度1800公尺的高原，有許多英國式建築及街道，是過去因紅茶茶園繁榮致富的英國人所興建。至今仍有許多高爾夫球場及英國式建築保留下來，因此這裡又有「小英國」之稱。

## 茗品季節的努沃勒埃利耶
*Lupicia 5025*

香氣 ③ 苦味 ② 澀味 ② 湯色 ① 收斂性 ①

| | |
|---|---|
| 味道 | 優美的澀味 |
| 萃取時間 | 350cc／4g／4分鐘 |
| 推薦萃取法 | 純紅茶 |

因季風影響，味道及香氣濃郁的紅茶。湯色近似於大吉嶺首摘茶，呈現淺橘色。茶葉外觀看起來像是帶有綠色的低發酵茶葉。清新的青草香中，混合著花香及水果香氣。用來製作奶茶，湯色稍嫌不足，比較適合直接沖泡紅茶品嘗，感受其清新的味道。

## 努沃勒埃利耶 BOP
*Pedro T.E*

**茶葉與湯色、香味分析**

香氣 ② 苦味 ③ 澀味 ② 湯色 ② 收斂性 ①

| | |
|---|---|
| 味道 | 純淨的澀味 |
| 萃取時間 | 350cc／4g／4分鐘 |
| 推薦萃取法 | 純紅茶 |

湯色呈現淺橘紅色。帶有類似橘子或柚子的香氣。

# 康提 *Kandy*

最早的錫蘭茶產區——康提，深紅而透亮的湯色是其迷人之處

　　康提位於斯里蘭卡中心地區，海拔高度約600～1200公尺，比盧哈娜產區略高一些。此產區受季風影響較低，全年氣候幾乎沒有變化。生產出的茶葉品質相當穩定，但是茶葉中形成澀味的單寧酸含量比較少，缺乏鮮明的特性，所以一般用來製作調配茶，或是當作加味茶的基底。康提茶的等級，大部分屬於BOP等級碎葉茶葉，但是也有少部分製作成OP等級全葉形茶葉。康提紅茶的魅力在於深紅而透亮的湯色。康提是斯里蘭卡最早的紅茶產區，有「錫蘭紅茶之父」之稱的詹姆斯·泰勒（James Taylor）在這裡關建了首座茶園。年僅17歲的泰勒為了尋找咖啡農園，從蘇格蘭來到錫蘭，但是當時的咖啡園因為嚴重的咖啡樹病害而紛紛棄種、荒廢。泰勒將從阿薩姆帶來的茶樹，種植在這些荒廢的土地上，並成功製作出最早的錫蘭紅茶。他的一生幾乎都奉獻給了紅茶，因此又稱為「紅茶之神」。

## 康提 OP
### *Craighead T.E OP1*

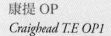

香氣 2　苦味 2　澀味 2　湯色 4　收斂性 2

| | |
|---|---|
| 味道 | 溫和的澀味，順口無負擔的味道 |
| 萃取時間 | 350cc／4g／4分鐘 |
| 推薦萃取法 | 純紅茶、奶茶、冰紅茶 |

味道及香氣比較淡，但是具有濃郁帶有光澤的華麗湯色。也很適合製作成奶茶或冰紅茶。

## 盧哈娜 *Ruhuna*

茶葉粗大，湯色深濃但是味道柔順的紅茶

　　盧哈娜茶生產於斯里蘭卡南部薩伯勒格穆沃省的海拔高度200～400公尺位置。這裡因為氣溫高，生長出的茶樹葉片大小比高原地區的大上許多。因為葉片大，揉捻時產生的茶葉汁液也比較多，促進氧化發酵，所以生產出的紅茶顏色比較深。具有煙燻香氣和深濃的湯色，雖然湯色深濃但是味道柔順。

　　主要以BOP等級的碎葉形茶葉為主，但是也會生產高品質的OP等級全葉茶。碎葉茶葉型，比較容易將單寧酸萃取出來，澀味比較強烈；茶葉完整的全葉茶則比較能品嘗出甜味與深邃澀味的和諧風味。

　　17世紀中葉時，錫蘭島分屬於三個國家統治，位於南部的盧哈娜地區在葡萄牙和荷蘭殖民期間主要開闢為咖啡農場。在咖啡農場因病害荒廢之後，才改建為茶園。現在盧哈娜這個名字已經從地圖上消失，沒有這個地區了，但是仍以紅茶名稱持續使用至今。

---

### 盧哈娜 OP
*Pothotuwa T.E*

**茶葉與湯色、香味分析**

香氣④ 苦味② 澀味② 湯色④ 收斂性②

| | | |
|---|---|---|
| 味道 | \| | 能感覺到甜味的渾厚味道 |
| 萃取時間 | \| | 350cc／4g／4分鐘 |
| 推薦萃取法 | \| | 純紅茶、奶茶 |

經過重度發酵後的深色茶葉。生長於低海拔區域，但是嫩芽含量高，具有花香及高雅的甜蜜麥芽香氣。渾厚中充滿甜味。

tea 7-3 | 中國

紅茶的原產國——中國
令歐洲人著迷的東方神祕香氣

　　茶的發祥地——中國有許多種茶品，紅茶是其中最晚研發出來的茶品。全世界最早的紅茶——正山小種，是在17世紀初福建省武夷山的桐木村研發而成。直到1876年祁門市才設立第一家紅茶工廠。從最早歷史記載中國栽種茶樹以來，大約經過一千多年，紅茶才開始大量生產、製作。中國紅茶的產量大多以出口為主，從古至今在歐洲等許多地區都廣受歡迎，安徽省生產的祁門紅茶更獲選為世界三大紅茶之一。中國各產區的紅茶生產量以湖南省最多，其次依序為廣東、雲南、江西、安徽、廣西、貴州、海南。依照製茶過程可分為以傳統製茶法製作的全葉形紅茶——「工夫紅茶」，以祁門紅茶最具代表性；以及19世紀英國人開發的碎葉形紅茶——「分級紅茶」。近幾年也有部分茶廠以CTC技術製作紅茶了。

# 祁門 *Keemun*

過去英國人豔羨的東方正統茶香，濃郁而有深韻的蜂蜜香氣——祁門香

　　名列世界三大紅茶的祁門紅茶，產自中國東南部安徽省黃山山脈附近的茶園。

　　安徽省氣候溫暖，全年降雨天數達200天，加上山區日夜溫差大，是很適合栽種茶樹的天然環境。製成的紅茶風味與印度或斯里蘭卡截然不同，帶有令英國人著迷的蜂蜜及蘭花香氣，兼具鮮明清爽的澀味及甜味。

　　為了讓獨特的香氣完整保留，大多製作成OP全葉形茶葉，每年採收4～5次，以傳統製茶法製作，稱為「工夫紅茶」，由此可知製茶工序費時費工，茶葉製作好之後，還要放置6個月～1年使紅茶熟成。用硬水沖泡祁門紅茶，茶湯顏色會變深，比較適合製作成奶茶；若以軟水沖泡，則適合直接喝純紅茶。

**特級祁門**

**茶葉與湯色、香味分析**
香氣 ② 苦味 ① 澀味 ② 湯色 ③ 收斂性 ②

| | |
|---|---|
| 味道 | 溫和的澀味和淡淡的甜味 |
| 萃取時間 | 350cc／5g／4分鐘 |
| 推薦萃取法 | 純紅茶 |

具有蜂蜜及蘭花香，並帶有餘韻繚繞般的甜味，是其迷人之處。以春天採摘的茶葉製作的話，金毫含量多，湯色呈現濃郁的紅色。

**高級祁門**

**茶葉與湯色、香味分析**
香氣 ④ 苦味 ① 澀味 ① 湯色 ③ 收斂性 ①

| | |
|---|---|
| 味道 | 帶有淡淡煙燻香的甜味 |
| 萃取時間 | 350cc／5g／4分鐘 |
| 推薦萃取法 | 純紅茶、奶茶 |

具有熟成的甜蜜發酵香氣及淡淡煙燻香，是令英國人著迷的「東方神祕香氣」。湯色呈現濃郁的紅色。

# 正山小種 *Lapsang Souchong*

世界紅茶的起源——武夷山紅茶
革新製茶工法而誕生的最高級紅茶——金駿眉

　　17世紀初的福建省武夷山桐木村，正山小種首次研發問世，是一款具有龍眼香氣的紅茶。桐木村位於海拔超過1000公尺的山區，因為氣溫低，揉捻好的生葉發酵時會燃燒松木，好提高溫度，促使茶葉發酵，因此茶葉除了本身原有的特殊龍眼香外，還帶有煙燻松木的香氣。英國人是中國茶的主要消費群，非常喜愛這種富有強烈香氣的紅茶，因此製作出口到歐洲的正山小種紅茶時，會加強用松木煙燻的過程，製成松煙香濃郁的紅茶。

　　現今中國的正山小種紅茶已經提升到另一個層級，拋棄過去注重的濃郁煙燻味，改而追求香甜雅致的香氣。金黃閃耀的「金駿眉」就是以此為目標研發出的頂級紅茶，並重現了百年前正山小種在紅茶市場的地位及榮耀。2007年首次問市時，立即造成轟動，售出極高價格。金駿眉屬於正山小種，但是茶葉外觀又與正山小種不同，茶葉中有許多金芽、金毫，形似眉毛而稱為駿眉，需要高超的製茶技術。依照茶葉品質及採摘標準的不同，分為金、銀、銅三種等級，並分為金駿眉、銀駿眉、銅駿眉等名稱販售。

　　金駿眉的原料是生長於初春的野生春茶。製成的茶葉外觀堅實而細長。比起原有的正山小種，製程中的揉捻及發酵時間大幅縮短，保留住獨特的蜂蜜香氣，並且不進行過去正山小種必有的松木煙燻過程。

　　隨著金駿眉的人氣高漲，顯示出消費者的需求標準越來越高，所以近幾年雲南、貴州、湖南、安徽等紅茶產區也紛紛開始研發生產頂級紅茶，並將金毫含量比較多的紅茶稱為金駿眉。這樣的頂級紅茶並非原有的金駿眉，但是有些頂級紅茶的風味也不亞於原有的金駿眉。

## 金駿眉

香氣 ④ 苦味 ③ 澀味 ③ 湯色 ③ 收斂性 ③

| 味道 | 令五感滿足的豐富味道組合<br>而成的柔和感及甜味 |
|------|------|
| 萃取時間 | 350cc／5g／4分鐘 |
| 推薦萃取法 | 純紅茶 |

富光澤的深色茶葉有許多金黃色金毫。澀味、苦味、口感鮮明而融洽，喝起來相當順口。雅致的蘭花香及甜蜜的蜂蜜香中，藏著淡淡的松木香氣。湯色呈現帶有紅色光澤的橘色。

## 正山小種

香氣 ⑤ 苦味 ② 澀味 ① 湯色 ③ 收斂性 ①

| 味道 | 濃郁的煙燻香氣，餘韻帶有甜味 |
|------|------|
| 萃取時間 | 350cc／5g／4分鐘 |
| 推薦萃取法 | 純紅茶、奶茶、冰紅茶 |

帶有近似於落葉味的強烈松木煙燻香氣。加入牛奶製成奶茶，可以使香氣變柔和，產生獨特風味。夏天時製作成冰紅茶，也別有一番風味。茶葉外觀呈黑色，但是帶有光澤。

# 雲南紅茶 *Yunnan*

普洱茶產區生產的大葉種紅茶
柔順、甜蜜並帶有金色光圈的雲南紅茶

　　雲南紅茶約在1938年研發問世，屬於中國紅茶中比較晚期出現的紅茶品種，使用雲南地區的大葉種茶樹製成。中國雲南簡稱「滇」，雲南紅茶又稱為「滇紅」。雲南地區製作的茶葉以普洱茶為主，因為普洱茶的市場比較不穩定，大葉種紅茶的產量有日漸增加的趨勢。以大葉種茶樹製成的紅茶茶葉比較粗大，含有許多金黃色金毫，外觀相當漂亮。茶葉顏色會依據採摘的時節而不同，春季呈淺黃色，夏季呈菊黃色，秋季呈金黃色。

　　雲南位於中國的西南部，地勢呈西北高而東南低，西北部為大陸性氣候，南部面海，海風會帶來溫暖潮濕的空氣。紅茶產區落在海拔1000～2000公尺的山區，好的紅茶所需的日夜溫差大、經常起霧、穩定的全年平均氣溫等條件這裡都具備了。

　　雲南產區中，以西部地區生產的紅茶比較高級。沖泡出的紅茶湯色呈現淺橘色，具有美麗的金色光圈。除此之外，還帶有類似蜂蜜及烤地瓜般的甜蜜香氣。雲南紅茶的澀味淡雅，甜味鮮明，近幾年越來越受歡迎，也很容易購買得到了。

## 雲南紅茶，針形

**茶葉與湯色、香味分析**

香氣 ④ 苦味 ① 澀味 ② 湯色 ③ 收斂性 ②

| | |
|---|---|
| 味道 | 柔和的澀味中，帶有明顯的甜味 |
| 萃取時間 | 350cc／5g／4分鐘 |
| 推薦萃取法 | 純紅茶 |

以大葉種茶樹製作，製成的茶葉呈現如針形般的長條狀。茶葉中含有許多金毫。散發出類似於蜂蜜的甜香，品嘗時甜味鮮明，紅茶風味充足。

---

## 雲南紅茶，金芽

**茶葉與湯色、香味分析**

香氣 ② 苦味 ① 澀味 ① 湯色 ② 收斂性 ①

| | |
|---|---|
| 味道 | 口感柔順，帶有甜蜜的味道 |
| 萃取時間 | 350cc／5g／4分鐘 |
| 推薦萃取法 | 純紅茶 |

只使用黃色金芽製作的紅茶，從外觀即可看到整體呈現金黃色。茶葉的大小比其他紅茶粗大。具有類似烤地瓜的香氣及特有的甜味。味道帶有甜味但是略顯單調。湯色呈現帶有淺褐色的黃色。

# 台灣

日月潭

*Taiwan*

## 日月潭紅茶

地震帶來的新契機
具有深邃優雅香氣的台灣紅茶——「紅玉」

　　中國的頂級紅茶有金駿眉，台灣的頂級紅茶則是紅玉。

　　台灣紅茶的故鄉——南投縣魚池鄉，是位在台灣中部知名觀光地區日月潭附近的小鄉鎮。這裡的紅茶統稱為「日月潭紅茶」。日月潭紅茶目前列為台灣十大茗茶之一，最早為1925年日治時期，日本人引進阿薩姆種茶樹，在日月潭成功培育，並設立紅茶工廠，大量生產出口用的紅茶。之後因為台灣人普遍喜歡更有名氣的高山烏龍茶，台灣紅茶就漸漸被遺忘並沒落了。1999年，台灣中部地區發生近百年來最嚴重的921大地震，許多茶園都受到地震災害而毀損。遭逢此大災難的南投縣魚池鄉茶農接受行政院茶業改良場輔導，以生產高級紅茶為目標，轉種改良過的雜交茶種——「臺茶18號」，並正式命名為「紅玉」。紅玉與原來的日月潭紅茶不同，具有獨特的優雅香氣，類似肉桂香及淡淡薄荷香的天然香氣，是紅玉獨有的特徵。魚池鄉茶農在政府的積極輔導下，以60年代以前的傳統方式採摘

臺茶18號的一心二葉並製茶。高品質的紅玉紅茶，大多製成OP全葉形茶葉，茶葉外觀呈現黑色，但是帶有光澤。紅玉紅茶的成功推廣，也使原本沒落、消失的台灣紅茶帶來復興的契機。

### 臺茶18號（紅玉）

**茶葉與湯色、香味分析**

香氣 ③ 苦味 ② 澀味 ③ 湯色 ④ 收斂性 ②

| | |
|---|---|
| 味道 | 深邃優雅的香氣中，帶有澀味及苦味，形成平衡且諧調的風味 |
| 萃取時間 | 350cc／5g／4分鐘 |
| 推薦萃取法 | 純紅茶 |

製成的茶葉形狀較大，顏色呈現黑中帶有光澤。湯色類似阿薩姆，呈現清透的深紅色。兼具澀味、苦味、甜味形成平衡且諧調的豐饒感，是一種清新而有韻味的迷人台灣香。

### 臺茶8號

**茶葉與湯色、香味分析**

香氣 ③ 苦味 ① 澀味 ② 湯色 ③ 收斂性 ①

| | |
|---|---|
| 味道 | 乾燥水果香及甜味 |
| 萃取時間 | 350cc／5g／4分鐘 |
| 推薦萃取法 | 純紅茶 |

製成的茶葉顏色呈現黑色，但是帶有潤澤度。湯色呈現帶有褐色的明亮橘紅色。甜味鮮明，帶有水果香氣。澀味及苦味比較淡，很適合用來製作調配茶，或是生薑紅茶。

*Almost Everything of the Tea*

# 印尼

## Indonesia

Java

# 爪哇 *JAVA*

與錫蘭茶相似的風味，沒有鮮明特性，但是味道純淨

　　1690年荷蘭殖民時期，從中國引進茶樹苗，興建印尼的第一座茶園。1872年，從斯里蘭卡引進阿薩姆種茶樹，才真正發展成如今的寬廣茶園。印尼的紅茶主要生長於爪哇島西部海拔1500公尺以上的高原與山稜之間，這裡的地形和氣候與斯里蘭卡相仿，生產出來的茶葉也與錫蘭茶類似，為了使一整年生產的紅茶品質及價格維持穩定，通常會製作成BOP等級或CTC茶葉。澀味比較淡，香味不強烈。湯色具有清透感，呈現清亮的橘紅色。紅茶本身沒有獨特的個性，很適合製作成調配茶。

　　爪哇島過去是傳統的紅茶產地，是僅次於印度及斯里蘭卡的大規模茶園，生產及出口紅茶茶葉。但是經歷兩次世界大戰及獨立戰爭，茶園荒廢，茶葉產量也大幅減少。直到近幾年，經由大規模國營茶園經營，當地茶園再次回復過去的活絡生機，並透過雅加達的拍賣會，將生產的紅茶出口到世界各地。

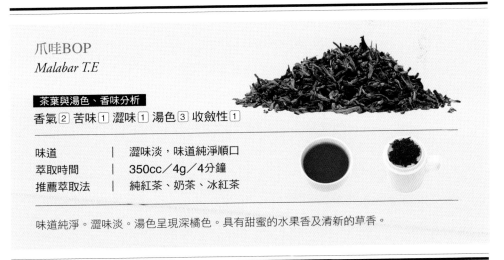

## 爪哇BOP
### *Malabar T.E*

**茶葉與湯色、香味分析**

香氣 ② 苦味 ① 澀味 ① 湯色 ③ 收斂性 ①

| | | |
|---|---|---|
| 味道 | \| | 澀味淡，味道純淨順口 |
| 萃取時間 | \| | 350cc／4g／4分鐘 |
| 推薦萃取法 | \| | 純紅茶、奶茶、冰紅茶 |

味道純淨。澀味淡。湯色呈現深橘色。具有甜蜜的水果香及清新的草香。

# 肯亞

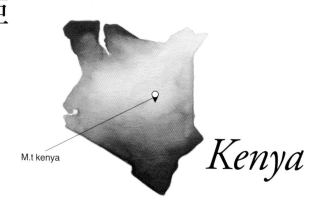

M.t kenya

*Kenya*

## 肯亞　*Kenya*

大規模開發茶園，成為世界紅茶第三大生產國，非洲的代表紅茶

　　肯亞位於赤道附近，但是整體的海拔高度比較高，茶園大多興建在1500～2700公尺的高山地區，乾季和雨季分明。茗品季節雖然只有1～2月及7～9月，但是全年都可以採收茶葉，並生產出品質穩定的紅茶，茶葉的生長也很快速。

　　1960年代，全世界製茶技術邁入機械化，振興肯亞的紅茶產業，大量生產CTC紅茶，但是若有優質的生葉仍會製作成OP等級全葉茶。肯亞紅茶因為沒有特殊的個性，經常用於製作調配茶。雖然澀味比較淡，但是湯色深濃，製作成奶茶可以呈現美麗的奶油棕色。也可以沖泡成冰紅茶飲用。

　　肯亞於1903年引進印度阿薩姆種茶樹後，開始種植茶樹，但是直到1963年脫離英國獨立後，才開始興建大規模茶園。一整年都是可以採收生產的理想氣候，加上擁有豐富的勞動人口，成為世界級的紅茶生產國。

## 肯亞 OP
*Kaimosi T.E TGFOP*

**茶葉與湯色、香味分析**

香氣③ 苦味② 澀味② 湯色③ 收斂性②

| | | |
|---|---|---|
| 味道 | \| | 甜味中帶有清新味 |
| 萃取時間 | \| | 350cc／4g／4分鐘 |
| 推薦萃取法 | \| | 純紅茶、奶茶 |

含有大量金毫的肯亞產茶葉。湯色呈現帶有清透感及光澤度的橘紅色。兼具清新的香氣、酸味、甜味，交織出和諧的風味。

## 肯亞 CTC

**茶葉與湯色、香味分析**

香氣① 苦味① 澀味③ 湯色③ 收斂性①

| | | |
|---|---|---|
| 味道 | \| | 香醇清爽的澀味 |
| 萃取時間 | \| | 350cc／4g／2分鐘 |
| 推薦萃取法 | \| | 奶茶 |

香醇清爽的澀味。湯色呈現濃郁的紅色。適合製作成茶包。

# HISTORY

# 紅茶歷史之旅

紅茶誕生於中國，流傳到遙遠的英國，在歐洲綻放出華麗的紅茶文化。
這個發展過程就是一段磅礴的世界史。
茶和瓷器是東西貿易的重點品項，為了掌控這些貨物，發生了激烈的競爭，
引發殖民地開發、戰爭以及獨立運動等歷史事件。

　　紅茶誕生於中國，流傳到遙遠的英國，在歐洲綻放出華麗的紅茶文化。這個發展過程就是一段磅礴的世界史。歐洲人一開始也喝從中國進口的綠茶，直到18世紀紅茶傳入歐洲之後，喝紅茶的比例才越來越高。

　　17世紀，荷蘭人將茶葉傳入歐洲。1602年，荷蘭東印度公司成立，1609年在日本平戶設立貿易據點，隔年將綠茶帶回歐洲。之後東方的茶碗、茶器、喝茶方法在荷蘭貴族圈造成轟動，令他們著迷於東方事物。當時的茶葉可以說是等同於黃金白銀的高價物品，是貴族用來展現權勢、財力的最佳工具。之後茶葉從荷蘭傳到英國，英國最早販售的茶葉是在1965年倫敦一家咖啡館Garraway，當時還流傳中國茶是可以治百病的東方神祕

藥物。而真正讓中國茶在英國上流社會流行起來的人，是1662年嫁給英國國王查理二世的葡萄牙凱瑟琳公主。她將中國茶葉當作嫁妝帶到英國，也帶來葡萄牙貴族每天喝茶的習慣，漸漸地英國貴族開始爭相仿效，一時蔚為風潮。1680年，英國東印度公司正式引進中國茶葉。1706年，湯瑪斯‧唐寧（Thomas Twining）自東印度公司獨立出來，自行販售茶葉，他就是知名紅茶專賣店唐寧茶（Twinings）的創辦人。

同時間，在大西洋另一邊的美國，因為荷蘭人的關係，紅茶也廣為流傳。美國向英國東印度公司進口紅茶時，因為被課扣太高的稅金，而改向荷蘭購買走私的茶葉。英國為此頒布一系列高額稅收的法令，卻更引起美國殖民地人民的強烈反彈。到了1773年，憤怒的美國殖民地人民將停泊在波士頓港口的三艘英國貨輪上的茶葉箱拋入海中，以示對英國國會的抗議。這就是引爆美國獨立戰爭的波士頓茶葉事件。

1823年，英國少校羅伯‧布魯斯（Robert Bruce）在殖民地印度發現阿薩姆種茶樹，之後他的弟弟查爾斯‧布魯斯（Charles Bruce）成功將阿薩姆茶樹栽種在印度各地。英國因此不再只是仰賴進口中國茶葉，也可以自行栽種、生產紅茶，踏上紅茶發展的康莊大道。

1869年，蘇伊士運河開通，原本從英國到中國需要繞過非洲好望角，花費90多天才能抵達，改由通過蘇伊士運河運送，只需要28天即可抵達。

1890年，湯瑪斯‧立頓來到斯里蘭卡的烏巴興建茶園，以持續供應他成立的立頓紅茶公司能有價格便宜的新鮮紅茶販售到全世界。錫蘭茶也因此成為紅茶的代名詞。

紅茶自此才從只有貴族喝得起的高價品，變成人人喝得起的世界性飲品。

# 紅茶的國度
## ——英國

### 🌿 茶的普及

　　1658年，英國清教徒革命的領導者克倫威爾（Oliver Cromwell，1599-1658）過世。流亡法國的英國國王查理二世（1630-1685）得以歸國，並在1660年即位。查理二世後來迎娶葡萄牙布拉干薩王室的凱瑟琳公主（1638-1705）為王后。

　　1662年，凱瑟琳帶著七艘船的嫁妝來到英國。船艙裡裝了滿滿的砂糖，當時的砂糖屬於高價品，價值可以比擬黃金和白銀。此外，凱瑟琳還帶了另一件寶物就是東方的茶葉。這時的茶葉還只是中國產的綠茶。日後英國國民日常飲用的平價紅茶，要到18世紀才引進。

　　英國王后喜愛的茶、中國瓷器、茶具，短時間就在上流貴族圈流行起來。倫敦咖啡館裡喝茶的人也慢慢變多了。販售茶葉的茶商店和進貢茶葉給王室的茶商人也陸續出現。

▲ 凱瑟琳王后

▲ 咖啡館

## 🌿 咖啡館

　　17世紀中葉傳到英國的咖啡與茶，在當地頗受歡迎。咖啡館也如雨後春筍般出現。英國最早的咖啡館是1650年由猶太人在牛津開設。倫敦第一家咖啡館則是在1657年由湯瑪斯‧卡洛韋開設的「卡洛韋咖啡館」（Garraway's），販售咖啡、可可和茶。1660年，卡洛韋還製作宣傳茶的小冊子，內容寫到「冬天或夏天都能喝，溫度適當的飲料，可以維持健康，治療疾病…」30多行文字宣傳茶的療效。咖啡館的全盛時期是17～18世紀中葉，光在倫敦就有3000多家。咖啡館成為百姓聚會的場所，大家可以在這裡聊政治、社會、經濟等各種話題。這樣的環境非常可能成為民主主義誕生的基石。查理二世發現到這樣的危機後，在1675年頒布禁開咖啡館的命令，但是咖啡館在人民的支持下，無法徹底禁絕，反而越開越多。

茶在這個時候也已從上流階層專屬的高價品，走入平民百姓的生活，成為日常飲品。

## 🌿 從綠茶變紅茶

英國人一開始喝的茶是中國的綠茶。直到1720年才慢慢開始變成喝紅茶。原因就在比綠茶價格更低廉，香氣和湯色更濃郁的發酵茶正山小種問世了。正山小種是生產於中國福建省武夷山附近的紅茶（正山：武夷山；小種：小葉種茶樹），產量稀少。中國人大都喝綠茶或烏龍茶，傳統的中國綠茶或發酵茶乾燥好後，不會再刻意添加香氣，但是英國許多地方的水質屬於硬水，沖泡後茶的味道、香氣會變淡，湯色則會變濃，所以英國人偏好香氣強烈的茶。為了因應歐洲人的喜好及供不應求的銷量，中國會特別製作出口用的紅茶，取名為立山小種，在乾燥好的茶葉上加濕，再以煙氣燻製茶葉，製作出比正山小種味道及香氣都更強烈的立山小種。其香氣不是果香或松煙香，而是帶有正露丸般的味道，也是英國人所認知的東方香味。

▼ 福建省武夷山桐木村

# 美國獨立與紅茶

8-2

## 🌿 獨立戰爭的契機──波士頓茶葉事件

　　1664年，紐約還是英國的殖民地，英國規定北美殖民地的茶葉只能向英國東印度公司購買引進。茶葉供給被英國東印度公司壟斷，價格節節攀升。對於將紅茶視為生活必需品的美洲殖民地百姓來說，根本無法負擔稅額高昂的英國紅茶，大多選擇偷偷購買走私的荷蘭紅茶。英國東印度公司為了壟斷龐大的稅收利益，促使英國國會在1773年頒布英國東印度公司獨占美洲茶葉販售權限的條例。

　　這種強制政策引起美洲殖民地百姓的強烈反彈。1773年12月16日，一部分美洲殖民地百姓喬裝成印地安人，潛入停泊在波士頓港口的英國東印度公司的貨輪上，並將342箱紅茶丟入海中。這就是有名的波士頓茶葉事件。

　　此事件之後，北美13州的代表聚集並舉行大陸會議，於1775年發起獨立戰爭。

▲ 波士頓茶葉事件

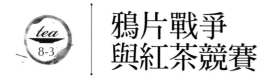

# 鴉片戰爭
# 與紅茶競賽

## 🌿 紅茶貿易不對等而造成的慘事——鴉片戰爭

　　18世紀中葉，英國的紅茶需求急遽增加，紅茶也成為英國東印度公司主要的輸入商品。然而中國對歐洲其他商品不感興趣，無法以物品交換，交易時只願意收取白銀。如此貿易不對等，導致歐洲的白銀大量輸出，產生嚴重的貿易逆差，引發歐洲經濟問題。再加上英國在南美洲的銀礦山開採出的銀礦，過去都是經由殖民地美國運出，美國獨立之後，已無法以此途徑取得白銀。英國為了解決此貿易不對等，採行了世上最不道德的反制手段——鴉片貿易。

　　英國將在印度孟加拉地區栽種的鴉片販售給中國，以獲取白銀。販售鴉片，可以獲得300～500倍的淨收益，短時間內就將過去茶葉貿易時的貿易逆差反轉，使大量白銀重新運回英國。

　　鴉片過去在中國是當作鎮定安神的藥材，被少量使用，漸漸地因為英國大量的輸往中國，而造成中國社會及經濟上極大的災難。雖然清朝政府下令禁止吸食鴉片，也頒布禁止輸入鴉片的法令，但是腐敗的官吏無法抗拒巨大的經濟利益誘惑，縱容歐洲鴉片商人勾結當地官僚，不擇手段地走

▲ 鴉片窟

私偷運鴉片到中國，使中國走向不可挽回的境地。

　　1838年清朝政府派遣林則徐（1785～1850）到廣州，一到當地就頒布所有鴉片全數沒收，並對私藏鴉片者處刑的公告。

　　林則徐將販售鴉片的人處刑，懲罰收受賄賂的官吏，並派兵抄西洋商家，沒收英國商人持有的鴉片。

　　英國以清朝政府妨礙鴉片自由貿易為由，決議出兵攻打清朝。1840年6月，英國海軍艦隊隱密地抵達廣東，立即展開攻擊。林則徐駐守的基地淪陷，之後英國海軍艦隊繼續北上攻擊沿海都市。清朝與英國海軍的兵力懸殊，節節敗退。清朝道光皇帝面對這場惡戰，才了解到自己國家軍隊的弊病，但又苦於沒有方法可以施展。

最後，1842年，清朝與英國簽訂喪權辱國的《南京條約》，將香港割讓給英國。此後香港被英國殖民統治長達一個多世紀。

鴉片戰爭不止割讓了香港，還被迫開放廣東、廈門、福州、寧波、上海等五處港口自由貿易。1844年，美國與法國也相繼要求與清朝簽訂通商條約，以換取中國茶葉貿易的自由競爭權。

##  茶葉競賽

過去，只有英國東印度公司被特許獨占中國茶葉輸入英國的特權。但是在1833年，英國東印度公司的這項特權遭到廢止。英國各地許多商業公司紛紛投入茶葉貿易市場，競爭激烈。英國貴族和上流階級有許多人嗜茶如命，為了獲得最新鮮的中國茶不惜重金，每年首批抵達的茶葉可以販售到極高的價格。因此商人為了縮短中國茶葉進口至英國的時效，引進速度飛快的飛剪式帆船（Tea Clipper），並且祭出高額獎金，獎勵最快將新茶運回英國的商船。

英國曾經頒定航海法，規定進口英國的貨物必須使用英國船隻運輸，因此過去停靠在倫敦泰晤士河碼頭的中國茶葉運送船隻清一色都是英國帆船。直到1849年，英國才解除這項航海法。1850年，首次有美國的飛剪船「東方號」，加入茶葉貿易的行列，而且只花了95天就將茶葉從中國運送到倫敦，比原本英國帆船的航行時間足足少了一半以上。各船隊紛紛購入更快速的船隻，一場狂熱的速度競爭就此展開，成為當時的國際運動賽事，稱為茶葉競賽或飛剪船競賽。速度飛快的美國製飛剪船投入此競賽後，造船業掀起了製造飛剪船的熱潮。

當時參與競賽的船隻幾乎都各有應援團，還會開賭盤，賭哪一艘船會最快返回英國。最先返回英國的優勝船隻可以獲得獎金。因此無論是船長

或船員，都是職業級的競賽團隊，受過專業的準備及訓練。當時的人天天都看著月曆數日子，估算著船隻回到英國的時間。飛剪船抵達泰晤士河港口的時間可能只有差距短短幾分鐘，但是名次上卻有極大差異。船隻返港的日子，倫敦市民都會擠到港口邊為自己支持的船隻加油。在上流社交圈中，貴族名流會比較誰最先拿到剛抵達的新鮮茶葉，比較彼此取貨的優先順序，越早拿到越顯現其權力地位。當時人們追求新茶的狂熱，就像是19世紀人們對薄酒萊新酒的狂熱。蒸氣船發明以及1869年蘇伊士運河開通後，大幅縮短了與中國間往來運送時間，茶葉競賽盛況才漸漸消失。

▼ 報紙的插圖描繪蘇伊士運河開通。

阿薩姆紅茶、
大吉嶺紅茶、錫蘭紅茶

　　1825年，英國海軍布魯斯兄弟在殖民地印度發現了阿薩姆種茶樹，再由弟弟查爾斯·布魯斯走遍阿薩姆各個地區試種阿薩姆茶樹，成功地在印度栽培出茶樹。經過反覆栽種測試，研究出以遮蔭樹適時幫茶樹阻擋強烈陽光的栽種技巧。並以中國的紅茶製茶法，製作出阿薩姆紅茶，1839年阿薩姆紅茶開始在英國販售。阿薩姆紅茶的成功，使英國可以自行大量生產紅茶，歐洲不再需要仰賴中國進口紅茶茶葉。

　　另一方面，時任印度總督的威廉·本廷克勳爵（Lord William Henry Cavendish-Bentinck）設立茶業委員會，針對阿薩姆的氣候、土壤、地形等資料詳加調查後，興建了茶園。並派遣屬下陸軍軍官戈登（Charles George Gordon）到中國學習製茶技術，並偷偷將中國茶樹的種子帶回印度，但是移植栽種結果都失敗。其後，蘇格蘭植物學家福鈞（Robert Fortune）受到東印度公司委託在中國研究茶樹。他可以說是最早的商業間諜，在研究茶樹之前，已經成功將許多中國珍貴的植物引進到歐洲販售。在他冒險犯難不怕拒絕的努力下，終於解開長久以來視為機密的中國茶葉生產及栽種方法。最後他將中國茶樹種子、茶樹苗，以及熟知種茶技術的

茶農帶到印度的加爾各答，並將中國茶樹苗試種在印度各地的茶園，但是最終只有大吉嶺地區培育成功，製作出帶有麝香葡萄香氣的中國種大吉嶺紅茶。

錫蘭是斯里蘭卡的古稱，一講到錫蘭，就會聯想到紅茶。然而斯里蘭卡以前主要經濟作物是咖啡，而非茶樹。英國殖民斯里蘭卡之後，大規模栽種咖啡樹，但在1865年發生嚴重的咖啡樹傳染病——黃銹病，許多大規模的咖啡農場因而荒廢。「錫蘭茶之父」詹姆斯‧泰勒將荒廢的咖啡農園改種阿薩姆種茶樹，一生致力於茶樹栽種及紅茶製茶。英國為了大規模開發農場，將南印度的坦米爾人遷移到斯里蘭卡，然而遭受不平等對待的坦米爾人來到此地仍過著非常悲慘的生活，也是引發之後斯里蘭卡長久內戰的原因之一。

而將錫蘭茶發展成為世界級企業的人物，就是湯瑪斯‧立頓。立頓經營連鎖食材用品店獲得成功後，在斯里蘭卡的烏巴地區買下茶園，並在首都可倫坡建造製茶工廠。當時他採用一句廣告標語：「從茶園直達茶壺的好茶」，並利用世界性的銷售通路，成功將錫蘭紅茶推向全球。目前斯里蘭卡是全世界第一的紅茶輸出國。

# CULTURE

**9**

# 紅茶文化之旅

「神祕的東方香氣」紅茶在歐洲貴族圈流傳開來，
令歐洲人對東方文化極感興趣，無法自拔。
沖泡紅茶的美麗中國瓷器引進之後，也提升了歐洲人的生活水準。
他們想擁有這些東方珍寶的狂熱欲望，造就出世界性的名牌瓷器和紅茶品牌。

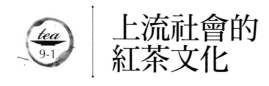

# 上流社會的
# 紅茶文化

　　葡萄牙凱瑟琳公主嫁給英國國王查理二世時，帶來的嫁妝中，就有茶葉和中國製茶具。當時使用的茶杯和茶碟都是模仿中國製品的設計。從中國或日本引進的茶杯沒有握把，盛裝熱茶後會燙手，所以當時的歐洲人會將茶一點一點倒在茶碟中，稍微降溫之後，小口小口地啜飲。早期的歐洲製茶碟，形狀比現在的茶碟還要深一些，就是為了要倒入茶湯放涼來飲用。因為要用茶碟喝茶，所以用茶匙加糖並攪拌好後，不是放在茶碟上，而要放入茶杯中，才算是正確的喝茶禮節。此外，當時的茶杯比較小，喝茶通常都會反覆斟茶，喝上好幾杯。若已經喝夠了，可以將茶匙放在杯子上，暗示主人家不用再斟茶了；用湯匙輕敲杯子，則是給僕人打信號，呼喚他們來清理桌面。

　　當時的茶葉象徵富裕、權勢，因此喝茶的文化，可以說是深入王室與貴族的生活習慣中。貴族們會將珍貴的茶葉存放在附有鎖匙的寶盒內，像這樣的茶葉寶盒通常會用一些龜殼、金銀、雕刻做裝飾。泡茶有兩種方式，一種是荷蘭式沖泡法，茶葉放入銀製的壺具中，加水後，再加熱煮至沸騰；另一種則是使用中國的小茶壺，放入茶葉後，注入熱水浸泡出茶

湯。因為茶壺比較小，所以要持續加熱水，重複沖泡飲用。喝茶時還會使用一種打了許多小洞的銀製湯匙「濾茶匙」（mote spoon），將茶湯中的茶葉撈除，這種濾茶匙經過多次改良變化，就成為現在常見用來過濾茶葉的濾網了。

　　貴族的品茶時間是從早上起床就開始，直到晚上就寢前，一天下來要喝6～7回。貴族階級和庶民的喝茶習慣及禮節有著極大差異。首先透過18～19世紀貴族從早到晚的品茶時間順序，來了解貴族的喝茶文化到底是什麼？

### ❶ 床邊茶 Early morning tea

早上醒來時，僕人會將紅茶沖泡好，用托盤盛裝，送到床邊。醒來的第一件事就是用茶來滋潤沉睡了一晚的喉嚨。

### ❷ 早餐茶 Breakfast tea

起床之後，吃英式早餐。餐點會有新鮮果汁、蛋料理、火腿、香腸、魚肉、麵包、水果，以及加了新鮮牛奶的紅茶。

### ❸ 上午茶（十一時茶）Elevenses tea

吃完早餐，換衣服、化妝、整理頭髮，著裝打扮時，一邊思考今天要做的事情，這時候也需要喝上一杯紅茶，稱為上午茶。

### ❹ 午餐茶 Lunch tea

吃過豐盛的英式早餐之後，直到中午仍然感覺很飽，所以幾乎不吃正式的午餐。而是帶著裝有紅茶、水果和一些餅乾的茶籃，外出野餐。這段時間也是僕人的午休時間。

### ❺ 下午茶 Afternoon Tea

19世紀中葉，第七任貝德福公爵夫人安娜（1788-1861）所創立。吃了豐盛早餐，但是沒吃午餐，到了下午就肚子餓了，但距離晚餐還有一段時間。因此安娜會招待朋友來家裡，喝紅茶並吃一些點心。這樣的下午茶聚會馬上就在上流階層風行起來。

### ⑥ 傍晚茶（高茶）High Tea

傍晚茶並不是正式晚餐時間，而是介於下午茶和正式晚餐之間，吃一些簡單鹹點的傍晚點心時間。起源於蘇格蘭，會稱為「高茶」是因為這個時段的用餐地點通常是在家中吃飯的餐桌，有別於喝下午茶時使用的矮桌，吃飯的餐桌比較高，所以稱為高茶（High tea）。

至於庶民的傍晚茶則是工作結束後，晚餐之前，稍微止飢的點心時間，通常會吃一些肉派或馬鈴薯料理，搭配加糖的紅茶。但是對於貴族來說，是前往參觀歌劇或音樂會時，半路上稍微休息的喝茶時間。

### ⑦ 睡前茶 Nightcap tea

就寢前，為了讓全身暖和起來所喝的紅茶。與早上喝的床邊茶一樣，由僕人沖泡好送到床邊。

# 庶民的紅茶文化

　　過去英國庶民常去的咖啡館是禁止女性進入的場所，只有男性可以去，因此一般女性沒有機會接觸到紅茶。唐寧茶（Twinings）的創辦人湯瑪斯‧唐寧，1717年在倫敦開設了第一家紅茶茶葉專賣店「金獅」，紅茶才開始走入一般家庭主婦的生活中。當時的茶葉也會在布匹或帽子裁縫店等有錢人常去的店家販售，並附贈寫有紅茶沖泡方法的廣告紙或小冊子，說明當時的沖泡方式是將茶葉放入茶壺中，注入一半的熱水，茶湯變濃之後，再加入熱水補滿。

　　茶葉普及化後，一般老百姓平常也會飲用，只靠中國進口的茶葉，已經不足以供應廣大的需求量。因此品質差的茶葉和走私的偽造茶葉層出不窮。有的茶商會以便宜價格向有錢人家的僕人購買已經沖泡過的茶葉，再混入樹葉、柳葉販售。更嚴

重的甚至完全沒有茶葉，將樹葉、草和木屑用藥品染色假裝成茶葉販售。

19世紀中葉，英國東印度公司將印度生產的阿薩姆紅茶帶回倫敦販售。阿薩姆茶與中國茶相比，味道更濃，紅茶特有的刺激性及澀味鮮明，茶湯色與其說是紅色，更像是接近咖啡顏色的黑色，完全符合紅茶的英文「Black tea」。庶民因為辛勤勞動需要一些強烈的刺激性飲品，對於紅茶的選擇也是越濃越好，因此印度生產阿薩姆紅茶馬上就受到庶民熱烈喜愛。在阿薩姆紅茶中加入砂糖和牛奶，調製成一杯美味的奶茶，就能讓辛苦勞動的平民百姓充分休息並補充營養。

一般大眾一天也會喝6～7回紅茶。

---

**❶ 床邊茶 Early morning tea**

工業革命興起後，人們紛紛到大都市工作。早上要很早起床，出發到工地工作，出發前，喝一杯暖爐旁的熱紅茶。一杯自己喝，再倒一杯放在床頭給還在沉睡的妻子，出門上工。

**❷ 早餐茶 Breakfast tea**

到達工地，吃麵包配紅茶當作早餐。在家的妻子也是以簡單乾糧和紅茶當早餐。

**❸ 上午茶（十一時茶）Elevenses tea**

中午12點前，稍微休息一下，喝杯紅茶。因為工業化而受污染的水不能直接生飲，必須煮沸過才能喝。水煮至沸騰後加入茶葉，沖泡成紅茶當水喝。

**❹ 午餐茶 Lunch tea**

午餐也是吃一些簡單麵包和香腸，再搭配紅茶。

**❺ 下午茶 Afternoon tea**

休息沒上工的日子，可以和家人一起享用午後的紅茶，除了搭配司康、馬芬等蛋糕、餅乾，也可以搭配乳酪和三明治。下午茶的地點不限在家裡室內，也可以在庭院或到郊外野餐。

**❻ 傍晚茶（高茶）High tea**

庶民飲食文化的習慣。正式晚餐前，稍微止飢的傍晚點心時間，會吃一些麵包、乳酪、肉類料理，因此又稱為肉茶（Meat tea）。男性會搭配紅茶或酒，女性和小孩則是喝紅茶為主。

**❼ 睡前茶 Nightcap tea**

寒冷的夜晚就寢前，會喝一杯紅茶暖和身體。紅茶裡會加一些紓緩身心疲勞的香草。

# 紅茶與瓷器

▲ 歐洲仕女，1756年

　　「紅茶王國」英國，紅茶產業發達，瓷器產業也非常發達。紅茶文化的興起也促進歐洲瓷器的發展。瓷器既是生活用品，也是藝術品，為歐洲的生活文化帶來巨大影響。

　　茶與瓷器，提升歐洲人的生活水準。當時只要擁有昂貴的瓷器茶杯，就代表擁有極高的社會地位。因此繪製肖像畫時，畫中的人物常常會拿著瓷器茶杯，17世紀下半葉，貴族出門時還會隨身攜帶自己寶貴的茶杯和茶碟，並特製一種內部縫有綢緞的皮套，專門用來收納茶杯和茶碟。

　　當時的英國人非常迷戀高價進口的中國瓷器，若買不起，也要有仿製得和中國瓷器一模一樣的瓷器，仿製得不像就乏人問津。當時的中國製瓷器，大部分以白底藍花的青花瓷為主，西方國家對於這種白與藍的迷戀，持續了將近300年。

　　中國瓷器的製造方法一直以來都是密而不傳的。歐洲人光是探究製瓷的三個核心祕密——陶土、釉藥、燒製時間，就花費無數心血。歷經許多波折，終於發現要使用雜質少、可塑性佳而且經過燒製會變成白色的黏土；得知高溫下會熔化形成玻璃質的釉藥成分；燒製溫度要達到1300℃。然而要達到與東方瓷器一樣的燒製水準，仍然需要經歷很長一段時間。

　　1709年，德國的麥森瓷器（Meissen Porcelain）成功燒製出歐洲的首批瓷器。與德國和法國的瓷器公司相比，英國製瓷技術的革新比較晚。再加上貿易限制的關係，在英國不能販售德國的瓷器，仍以大量進口中國瓷

器為主，因此中國瓷器對於英國瓷器產業的發展具有極大影響力。另外，從政治淵源比較深的荷蘭引進荷蘭陶藝家，以及荷蘭代表性的台夫特陶器也都深深影響英國初期的陶藝發展。

　　歐洲早期製作的茶杯和茶具、餐具，都是模仿中國瓷器造型製作而成。18世紀的歐洲瓷器是在白黏土中加入粉碎的玻璃混合後，以1100℃燒製而成，製作完成的瓷器與現今瓷器相比，比較軟也比較輕，很容易碎，茶杯若直接注入熱茶也很容易龜裂，為了防止茶杯龜裂，人們習慣先在茶杯中倒入冰牛奶，再注入紅茶。即便現在使用的是堅固的骨瓷，但是這樣的習慣還是流傳了下來。茶杯在18世紀才從沒有握把發展成現今有握把的形態，紅茶屬於發酵茶，需要用高溫沖泡，熱燙的茶湯倒入茶杯，很容易燙手，再加上後來茶杯的尺寸越做越大，茶杯的握把就變成必要設計。

　　1770年，英國陶藝家約書亞‧瑋緻活（Josiah Wedgwood）成功量產出奶油白瓷器。精雕塑形的茶杯，再漆上透明釉料，製作成美麗的奶油色瓷器。1798年，適合大量生產的骨瓷（硬質瓷器）研發成功。骨瓷中加入動物骨粉，成品輕盈、透明，質地堅硬。英國首次將喬治二世和喬治三世的肖像轉印在馬克杯上，製作成商品或是當作皇室贈禮。至今的英國皇室也會不定期製作印製有皇室肖像的餐具或茶具。轉印法和骨瓷技術是19世紀英國瓷器產業能夠大量生產高品質餐具、茶具的基礎。過去需要仰賴進口東方瓷器的歐洲，現在不僅能製造瓷器，還發展出許多名牌瓷器，如：皇家道爾頓（Royal Doulton）、瑋緻活、安茲麗（John Aynsley）、赫倫（Herend）等，成為全世界瓷器產業的主角。

▲ 青花茶壺，仁寺洞古典文化館館藏

▲ 赫倫茶具組，歐洲瓷器博物館館藏

9-4

# 世界知名紅茶品牌

## 英國

### 唐寧
### TWININGS

擁有元祖「伯爵茶」配方的傳統紅茶名家。
1706年，唐寧（Thomas Twining）於倫敦
創立。到了2006年已經有300年的歷史。伯
爵茶的名稱由來，相傳是以19世紀授勳的格雷伯
爵之名命名。當時的唐寧可以依照客人需求製作客製化的
調配茶。格雷伯爵曾經身為使節團派到中國，對武夷山的紅茶念念不忘，到唐寧想要
買一模一樣的紅茶。然而他想要的紅茶太難取得，最後獻上以中國茶為基底加入佛手
柑油增加香氣的紅茶，才完成他的心願。
唐寧研究出的伯爵茶配方至今已經超過170年。1837年，維多利亞女王將皇家御用委
任授權給唐寧，由唐寧製作皇家專用的調配茶。

### 立頓
### Lipton

全世界銷售量最大的茶飲品牌。經營過食品
店的湯瑪斯·J·立頓，在1889年將斯里蘭
卡的紅茶茶葉運到英國包裝後，以便宜的價
格販售。因此立頓是對紅茶普及化具有極大
貢獻的紅茶品牌。1910年問世的黃牌紅茶是
使用肯亞和斯里蘭卡茶調配而成，可以説是
世界級的大眾紅茶。

## 瑋緻活
# WEDGWOOD

名瓷品牌瑋緻活推出的高品質紅茶。1759年由約書亞·瑋緻活
創立。以浮雕玉石及骨瓷聞名的陶瓷器公司。1991年開始販售紅茶，以瓷藍色茶罐
盛裝，並標榜其紅茶都是經過嚴選且具有優雅香氣的茶葉。

## 哈洛德
# Harrods

哈洛德是世界知名百貨公司，也是倫敦知名地標。
1849年，查爾斯·哈洛德（Charles Henry Harrod）
以紅茶專賣店創業起家。有170年以上悠久歷史的哈洛
德，造就出許多特有品牌商品。販售的大吉嶺全部都
是使用次摘茶，其他地區的紅茶也都是親自派紅茶評
鑑師到產地嚴選的高品質紅茶。

## 福特納姆&瑪森
# FORTNUM & MASON

多彩且豐富的風味與純熟的味道。
1707年，威廉·福特納姆（William Fortnum）和休·
瑪森（Hugh Mason）以食品店起家，至今已有超過300
年歷史。從維多利亞女王時代起，280年來持續將紅茶等食
材販售給皇室的供應商，至今仍是有名的倫敦高級食品店。
旗下的特有品牌紅茶具有優雅純熟風格，最知名的是使用高山茶葉
加入蘋果、草莓、肉桂等材料製成的加味茶。

## 亞曼
# AHMAD

創始人亞曼（Rahim Afshar）親自到亞洲，生產
並研究優質的紅茶，將紅茶輸入英國，並以低廉的
價格販售，對於英國紅茶的大眾化有極大貢獻。其
產品是在百貨超市陳列架上經常出現的吸睛品。

## 威塔斯茶坊，切爾西創始店
# Whittard of CHELSEA

1886年，瓦特・威塔斯（Walter Whittard）以販
售最高品質紅茶為目標，在倫敦切爾西創立第一家
紅茶專賣店。將來自世界各地300多種紅茶和乾燥
水果混和成風味茶，其中以蜜桃茶和早餐茶最為知
名。從他們家的產品可以看到各種紅茶與水果、花
茶相遇後激盪的火花。

## 法國

## Janat

以創始人的兩隻愛貓為商標圖案。追求世界最
佳的味道。

創始人佳那・多爾斯（Janat Dores）為了
尋找最高品質的食材，經常在世界各地旅行，
具有豐富的茶葉調配經驗，可以用不同種的紅
茶，調配出個性獨特的紅茶。

## 瑪黑兄弟
## MARIAGE FRÈRES

法國歷史最悠久的傳統紅茶品牌。

　引領法國紅茶文化的代表性品牌，1854年創立時在巴黎瑪黑區開設第一家店鋪，至今仍持續營業中。使用印度、中國等地的紅茶，再造出成熟且獨創的味道，目前擁有500種以上各式各樣的加味茶和調配茶。

## 馥頌
## FAUCHON

以豐富多樣的調配茶著稱的法國紅茶。

　創辦人奧古斯特·馥頌（Auguste Felix Fauchon），以販售最高級食材為志向，創建食品店。使用的紅茶不拘泥於原有的味道，1960年代加入水果，1970年代添加各種花，不斷嘗試做出獨創的調配茶。

## 德國

## 隆納菲
## Ronnefeldt

1823年，約翰·隆納菲（Johann Tobias Ronnefeldt）在法蘭克福創立的德國紅茶品牌。標榜只販售高品質紅茶的策略成功奏效，目前在德國排名前100的大飯店中，所消費的紅茶有2/3都是這間公司的茶葉。

## 法國

### 哈尼父子
### HARNEY & SONS

晚期成立的紅茶品牌，利用許多管道宣傳，在極短期
間成為世界性紅茶品牌。創辦人非常積極探訪世界各
知名產地，尋找最好的原料，滿足顧客的喜好。

## 日本

### 綠碧
### LUPICIA

1994年創立於東京的日本紅茶品
牌。使用簡潔俐落的鋁製茶盒包裝，
獲得年輕人喜愛。擁有不同季節調配
出的紅茶，以及產地直送的單一莊園
紅茶等多樣種類的紅茶。

### 日東紅茶
### Nitton Black Tea

日本最早擁有專屬紅茶茶園的公司，1909年在台灣
設立茶園。1927年以「三井紅茶」品牌包裝販售，
1930年才改名為「日東紅茶」。近期生產「日東紅
茶古典系列」，在網路上也有販售。位於廣島的茶工
廠，導入HACCP系統，新發售「PRIME T.B.」優質
茶包。

　　販售的商品有茶包、茶葉、即溶茶粉等不同型
態，以皇家奶茶和伯爵奶茶最為知名。香草茶有「6
Variety pack」可以選擇。也有販售罐裝紅茶飲料。

## 斯里蘭卡

### 梅斯納
### Mlesna

1983年建立的梅斯納，是斯里蘭卡最具代表性的紅茶公司。生產以烏巴、汀普拉、努沃勒埃利耶等茶葉調製的多樣加味茶。

### 帝瑪
### DILMAH

標榜只使用斯里蘭卡當地茶葉製成的斯里蘭卡紅茶。創始人麥瑞爾·費南多（Merrill J. Fernando）曾是頂尖紅茶評鑑師，在1974年成立這個品牌。帝瑪茶為了將錫蘭紅茶的豐富香氣和味道傳到世界各地，茶葉在當地製作完成後，會以產地直送的方式，將最新鮮的茶葉配送到各個國家。

　　1988年成功將「帝瑪」品牌推廣到奧地利以來，至今已在90多國獲得認同和喜愛。

## 新加坡

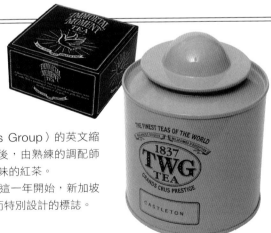

### TWG

特威茶葉有限公司（The Wellness Group）的英文縮寫。取得新鮮剛製作好的紅茶茶葉後，由熟練的調配師進行調配，以提供1000多種不同風味的紅茶。

　　包裝上的1837年，是為了紀念從這一年開始，新加坡成為東西方茶葉貿易中心的歷史，而特別設計的標誌。

ANECDOTE

有趣的紅茶常識

紅茶為什麼是對身體有益的飲料？紅茶的咖啡因真的比咖啡還多嗎？

紅茶杯和咖啡杯有什麼不同？南非國寶茶真的是茶嗎？

紅茶的英文為什麼不是red tea，而是black tea？哪個國家喝紅茶喝最多？

本章收集了20個你會想知道的紅茶常識與趣聞，一次為你解惑。

## 1. 沖泡紅茶的溫度和時間，和綠茶不同嗎？

　　紅茶必須用接近沸騰的熱水沖泡。綠茶和白茶的發酵程度低，用比較低的溫熱水才能壓抑苦味和澀味，產生回甘。而紅茶屬於完全發酵茶，沖泡時的水溫必須維持在高溫，才能產生「跳躍jumping」現象，將紅茶成分完整萃取出來。若是用100%銀毫製成的紅茶則需改用溫熱水沖泡。

　　沖泡的時間會依據沖泡飲用的習慣而有所差異，一般沖泡綠茶或烏龍茶是使用小茶壺，並會回沖數次飲用，因此每次的沖泡時間大約1分鐘即可。沖泡紅茶時是使用大茶壺，沖泡好之後，不再回沖，所以需要比較充足的沖泡時間，大約3～5分鐘。

綠茶：65～75℃／紅茶：90℃

綠茶：1～3分鐘

紅茶：3～5分鐘

## 2.紅茶要怎麼保存才能維持新鮮度？

◇ 溫度：常溫。

◇ 濕度：乾燥的地方。

◇ 氧氣：隔絕紅茶與氧氣的接觸，才能維持香氣。

◇ 陽光：避免陽光直射。

◇ 香氣：避免與化妝品或辛香料等濃香物品放在一起。

　　茶葉很容易吸收水分和味道，因此保存時務必要完全密封。尤其要避免放在冰箱保存，因為茶葉馬上就會吸收冰箱的味道。最好的保存方式是放在常溫且不會被陽光直射的地方，以密封狀態保存。建議準備專用的茶罐盛裝。

　　選購茶罐時，避免使用塑膠或木製材質，以鋁、玻璃、陶瓷器等材質製成的茶罐保存為佳。

# 3. 紅茶的成分與功效

一杯紅茶含有6顆蘋果的抗氧化成分。

　　紅茶的主要成分有單寧酸、咖啡因、胺基酸以及各種維生素。與綠茶或烏龍茶相比，紅茶含有的單寧酸特別多。單寧酸是一種會產生苦味的多酚類，具有分解中性脂肪（又稱三酸甘油酯），以及降低膽固醇和血糖值的效用。茶葉中的多酚還具有抗氧化的功效，能夠抑制容易引發癌症或腦中風等各種疾病的活性氧。瑞典的卡羅琳醫學院（Karolinska Institutet）研究團隊以喝茶習慣和腦血栓發生率為研究題材，對74961位成人進行長達10年的追蹤及資料分析，發現每天喝4杯以上紅茶的人，發生腦血栓及腦血管阻塞的機率降低了21%左右。

　　紅茶中還有天門冬醯胺、海藻酸、麩醯胺酸等胺基酸，是產生甘甜味的成分，並且具有擊退霍亂、腸炎等病原菌並抑制感冒病毒的效用。此外，紅茶中含有的氟還能預防蛀牙。

抗氧化成分含量　2杯　＝　1杯　＝　7杯　＝　20杯

| 紅茶 | 紅酒 | 柳橙汁 | 蘋果汁 |

2杯紅茶含有與20杯蘋果汁等量的抗氧化成分。

## 4. 紅茶與咖啡因

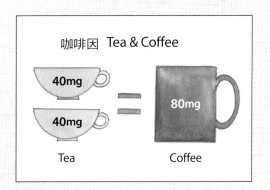

咖啡因具有利尿、消除疲勞、提神及幫助消化等作用。若是過量攝取，則有害健康。

談到咖啡因，通常最先想到的食物就是咖啡。若以等重的原料計算，100g紅茶茶葉與100g咖啡豆相比，紅茶其實比咖啡含有更多咖啡因。但是製作一杯咖啡所需的原料量，比製作一杯紅茶所需的原料量多很多。因此喝紅茶攝取到的咖啡因會比喝咖啡攝取到的咖啡因少。

常見含咖啡因的飲品中，依據咖啡因含量多寡排序為能量飲料、即溶咖啡、研磨咖啡、可樂、紅茶。

茶的發酵程度越高，咖啡因的含量也越高，依序為紅茶、烏龍茶、綠茶、白茶。

## 5. 紅茶與茶點

◇ 為什麼紅茶和食物很搭配？

喝茶時搭配的點心叫做茶點，但是喝咖啡時搭配的點心卻沒有特別名稱。由此可見紅茶是和很多食物都能完美搭配的飲品。紅茶的主要成分為單寧酸，單寧酸具有分解食物的脂肪和油脂作用，無論是奶油、鮮奶油等乳製品，或是肉類、海鮮的脂肪，還是植物油脂，殘留在口中時單寧酸都能將其分解。因此吃任何餐點時搭配紅茶，可以將口中的食物脂肪或油脂適時地沖刷掉，不會重複累積而感到油膩、不舒服，才能繼續品嘗更多食物，盡情享受食物帶來的美味及感動。

◇ 不同食物適合搭配不同溫度的紅茶。

❶ 蛋糕、餅乾、派等甜的茶點，要搭配熱紅茶。

單寧酸含量高的熱紅茶，具有強力沖刷掉乳脂肪的功用，能夠維持口腔清爽。

❷ 豬排飯、炸物、中式料理等高油料理，要搭配40～50℃的微溫紅茶。

因為以品嘗主食為重心，所以搭配方便飲用的溫紅茶，適時緩解油膩感即可。

❸ 海鮮料理、冷菜、沙拉、咖哩、泡麵，要搭配冰紅茶。

冰紅茶就像是葡萄酒中的白酒，適合搭配脂肪較少的料理或是刺激性較強烈的料理。

# 6. 奶茶的論戰

「喝奶茶時，茶杯內要先放紅茶還是牛奶？」是英國人自古以來爭論不休的議題。因為各有支持者而分成兩派：先放牛奶的MIF派（Milk in First）與先放紅茶的TIF派（Tea in First）。先放哪一樣其實製作出的奶茶並沒有太大差異，但是英國人對這個問題還是很執著並爭論不休。認為應該先放牛奶的MIF派主張熱燙的紅茶直接注入茶杯中，會對茶杯造成衝擊，而且先放牛奶再沖入紅茶，牛奶和紅茶會因為重力的關係，直接混和均勻，不需要另外攪拌，調製出的奶茶更好喝。而認為要先放紅茶的TIF派則主張要先放紅茶再放牛奶，才能調整紅茶和牛奶的比例，製作出最好喝的紅茶。2003年，英國皇家化學協會（Royal Society of Chemistry）針對這個議題發表了研究結果，認為應該先放牛奶，再加入紅茶，這樣牛奶才不會發生熱變性，製作出的奶茶會更順口。但是至今仍然有許多人還是習慣以先放紅茶再放牛奶的方式調製奶茶。

MIF　　　　　　　　　　TIF

## ❧ 7. 茶杯的變遷史 ❧

　　18世紀茶葉傳入歐洲，當時喝的茶是中國的綠茶，使用的杯子也是中國式的小茶杯。當紅茶變成主流之後，歐洲人會將熱燙的紅茶茶湯倒入茶碟中，稍微放涼了再喝，所以演變出比較深的茶碟。18世紀末起，紅茶茶杯才設計成比較寬大且附有握把的造型，並發展為主流持續至今。

小型中國式茶杯　　　深茶碟與茶杯　　　現今有握把的茶杯及淺茶碟

## ❧ 8. 咖啡杯與紅茶杯的差別 ❧

　　咖啡杯的設計以保溫性為重點，紅茶杯則以能夠欣賞紅茶湯色的視覺效果為重點。因此咖啡杯通常杯口比較窄且杯壁比較厚，而紅茶杯則是像向日葵般展開的寬口設計。製作咖啡杯的材質種類很多，紅茶杯的材質則以白色瓷器為主，因為白色瓷器最能展現紅茶湯色的紅豔與清透感，以及奶茶的誘人奶油棕色。

咖啡杯

紅茶杯

## 9. 全世界最多人喝的茶品——紅茶

　　若以全世界所喝的茶來看，其中有80%是紅茶。歐洲、印度、美國等以喝紅茶為主。日本、韓國、中國則以喝綠茶為主。單以美國人的茶類消費取向來看，紅茶的消費量大約占78%，綠茶消費量約20%，烏龍茶消費量約2%。

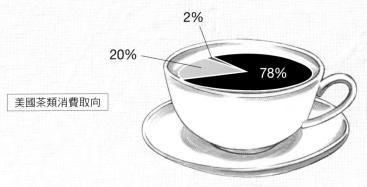

美國茶類消費取向

## 10. 世界三大紅茶是哪三種？

　　世界三大紅茶是指19世紀末、20世紀初以來最具代表性的三種紅茶。具有麝香葡萄香氣，稱為紅茶中的香檳的「印度大吉嶺紅茶」；湯色清透亮紅、味道清爽的「斯里蘭卡烏巴紅茶」；成熟果香中帶有東方氣息的「中國祁門紅茶」。此三大紅茶每一種都具有獨特且鮮明的香氣及澀味，至今仍是名品紅茶的代名詞。

## 11. 哪個國家生產的茶葉最多？

茶葉生產量最多的國家是中國。中國生產的茶葉種類多元，有綠茶、烏龍茶、普洱茶、紅茶等。若以紅茶來看，依照生產量多寡依序為印度、肯亞、斯里蘭卡。中國和印度的茶葉生產量很高，但是自己國內的茶葉消費量也很大，因此將生產量扣除掉消費量之後，肯亞和斯里蘭卡的紅茶出口量反而比較高。

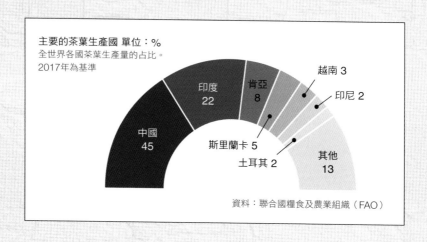

主要的茶葉生產國 單位：%
全世界各國茶葉生產量的占比。
2017年為基準

中國 45
印度 22
肯亞 8
越南 3
印尼 2
斯里蘭卡 5
土耳其 2
其他 13

資料：聯合國糧食及農業組織（FAO）

## 12. 哪個國家喝的茶最多？

全世界最大的茶葉消費國當然非印度莫屬，其次為中國、俄羅斯、土耳其、日本、英國等。若以人均茶葉消費量來看，土耳其人喝的茶最多，其次為愛爾蘭及英國。由此可以看出英國這個國家的人大部分都是紅茶愛好者。

## 13. 茶葉拍賣會（Tea auction）是什麼？

　　茶葉拍賣會是指世界主要產茶國所設立的茶葉競賣會，目前最大茶葉拍賣會有印度的加爾各答、斯里蘭卡的可倫波、肯亞的巴薩。在這些國家，基本上很難以個人名義直接跟茶園購買剛生產好的茶葉，必須到拍賣會以競標方式完成交易。各國的茶葉拍賣會時間都不太一樣，但是每週通常會進行1～2次拍賣，只有取得競標資格的客戶或買家才能參與交易。

　　茶廠在每批茶葉製作完成之後，會提前將該批次的茶葉樣品寄給代理商。代理商再將從不同茶廠拿到的茶葉樣品發送給各個客戶及買家，讓他們預先進行茶葉評鑑並評估競標價格。等到拍賣會開始時，買家再出價競標，由價高者購得茶葉。

## 14. 什麼是古典珍欉紅茶？

　　產自單一茶園並採摘自單一品種的茶葉製成的紅茶，販售時通常會標榜「古典珍欉茶」（Vintage）或是「單一莊園茶」（Single Estate），並寫上該茶莊或茶園的名稱，這樣的茶葉通常是品質最好的茶，價格不菲。目前市售的古典珍欉茶以印度大吉嶺地區產量最多。

# 15. 稱為「紅茶之父」的男人——立頓

　　提到紅茶，很多人最先會想到的是立頓紅茶茶包。立頓紅茶的創辦人湯瑪斯・立頓（1850～1931）就是將紅茶普及化，使庶民也買得起品質好又便宜的茶葉的最大功臣。他出生於蘇格蘭，愛爾蘭籍父母在蘇格蘭的城鎮開了一間賣奶油和火腿的小店。家境不算富裕的他，從小就展現對做生意的高度興趣及天分，無論對同樣說母語的愛爾蘭人，還是講蘇格蘭語的蘇格蘭人他都能流利地應對，吸引許多客人持續上門光顧。立頓15歲時去了美國，在百貨公司的食品販售區工作，學習到美國式的商業行銷技巧，直到19歲才又回到蘇格蘭。

　　從美國歸國的立頓沒有到父母的小店工作，而是獨立出來另外開了一家商店。他可以說是廣告和做生意的奇才，發想了許多當時都沒人做過的廣告及生意手法。例如：在馬車上掛上寫有「立頓」大字的宣傳布條；或是直接將洗得乾乾淨淨的豬帶到街上展示，宣傳自家販售的火腿和香腸是使用新鮮豬肉製成；還有用大型看板寫上獨特吸睛的文句吸引客人注目及光顧。這些都是當時前所未見的行銷手法，成功地使他的商店一炮而紅，陸續展店。

　　1880年，立頓商店已發展成為20家的小型連鎖食品店。而當時紅茶以成為庶民們日常生活的飲品，湯馬斯・立頓為了販售價格便宜又符合大眾口味的紅茶，也研發了許多商業手法。例如：將原本秤重散賣的茶葉，改為袋裝販售，並雇用專業的茶葉評鑑師，調配出符合各地區水質的調配茶。

1890年，立頓前往斯里蘭卡，在當時還在開墾中的烏巴地區買下土地，興建茶園並大量生產紅茶。之後更透過世界性的流通網絡，將新鮮紅茶銷售到世界各地。立頓知名的廣告標語就是：「從茶園直達茶壺的好茶。」目前立頓紅茶已經是繼可口可樂、百事可樂、雀巢咖啡之後，全世界第四大的飲料品牌。

## 16. 茶包是誰想出來的點子？

　　茶包的出現，其實是一場誤會下的偶然發明。1908年，紐約的茶葉進口商湯瑪斯‧沙利文，帶了許多種茶葉出門推銷販售，為了方便向購買者展示不同的茶葉，而用絲袋將不同茶葉樣品分別裝成小包裝，讓顧客可以帶回去試喝。沒多久，顧客紛紛回來跟他下訂單，但是要買的不止是茶葉，還要求也用絲袋包裝一起販售。一問之下，才知道原來他們將茶葉連同絲袋一起放到茶壺中沖泡，覺得這種設計不需要撈茶渣，清洗茶壺也變得很輕鬆，實在是太方便了。茶包就這樣陰差陽錯地創造出來。

## 17. 冰紅茶的起源

19世紀的飲食書中，冰紅茶和潘趣茶已經有被記載的紀錄，但是一開始冰紅茶被認為是不正統的紅茶喝法，接受度很低。直到1904年美國聖路易舉辦世界博覽會之後，冰紅茶才開始廣泛接受及飲用。當年的世界博覽會在炎熱的夏天舉辦，販賣紅茶的英國茶商理查·布萊契登也熱得喝不下熱燙的紅茶，因此在紅茶中加入冰塊，招呼客人到他的展位參觀並品嘗紅茶。博覽會結束後，那些喝過冰紅茶消暑的人，將這樣的喝法帶回自己的國家，使冰紅茶推廣到全世界。時至今日，美國人喝的紅茶仍是以冰紅茶為主，美國消費的紅茶中，有80%是冰紅茶。

## 18. 南非國寶茶是茶嗎？

　　我們所說的「茶」，指的是用茶樹（學名Camellia sinensis）生產製出的茶品。近幾年非常流行的南非國寶茶（博士茶）不含任何茶樹樹葉，因此以狹義的茶來解釋的話，並不算是茶。其原料是一種生長在南非的豆科灌木植物，以它的針狀葉和莖製成的香草茶，不含咖啡因，具有可預防老化的成分。

## 19. 綠茶的英文叫做 green tea，為什麼紅茶的英文不是 red tea，而是 black tea 呢？

　　紅茶在中國因為湯色呈現紅色而稱為紅茶，但是流傳到歐洲，卻變成黑茶（black tea）。然而黑茶在中國指的卻是另一種中國西部大葉種茶樹製成的普洱茶。剛開始西傳到歐洲的茶葉，因為沖泡出的茶湯色呈現淺綠色，稱為綠茶（green tea），深受歐洲人喜愛的正山小種紅茶是數年後才傳入歐洲，但是歐洲的水質屬於硬水，沖泡出的紅茶茶湯變得很深濃，甚至偏向暗沉的黑色，因此歐洲人取名為black tea。

# 20. 韓國紅茶，韓國以前也生產許多紅茶！

　　韓國從朝鮮三國時代就有栽種茶樹的記載，並擁有相當豐富的茶文化及歷史。韓國國產茶，大部分人想到的都是綠茶，但是翻開韓國近代的茶園開發史，發現韓國也曾經有段時間以生產紅茶為主，直到1988年綠茶生產量才開始超過紅茶。

　　《大韓新聞》（1962年8月25日《大韓新聞》第379號）報導過1962年8月12日大韓紅茶工業株式會社的寶城茶廠竣工，每年可以加工生產出紅茶茶葉75000罐，其中有15700罐量製作為出口用紅茶，每年可以賺取數十萬美元的外匯收益。報導影片中還可以看到韓國全羅南道寶城村的茶園景致、採茶女工採茶時的情況，以及紅茶製茶廠的加工及製作過程。

　　日治時期的京城化學工業株式會社在韓國全羅南道的寶城地區開墾了9萬多坪茶田，種植日本以阿薩姆種改良的茶種「べにほまれ（茶農林1號）」，創立了全韓國最早的大規模茶園。

　　之後歷經戰亂，使茶園一度荒廢。直到1957年由張榮燮（장영섭）接收，成立為大韓紅茶工業株式會社（即今大韓茶業）。1961年韓國實施「特定外來品販賣禁止法（1961年9月1日起）」，咖啡、紅茶等外來飲料都禁止進口。然而咖啡和紅茶當時已經成為韓國人的兩大嗜好飲品，一時之間韓國國產紅茶的需求急遽上升。同時期除了大韓茶業自日本導入紅茶加工機械，大量生產紅茶之外，也有大韓紅茶、韓國紅茶、東洋紅茶等製茶廠生產的紅茶。1974年的《寶城郡 鄉土史》、1981年的《守護我的故鄉傳統》等地方誌及鄉土文獻也都記載過「紅茶」是全羅南道寶城郡的特產。

1960～70年代韓國的紅茶消費量遠遠高於綠茶。之後適合種植綠茶的韓國西南地區研製出頂級的國產綠茶，使韓國綠茶成為大眾喜愛的茶品，再加上特定外來品販賣禁止法解除後，紅茶恢復進口，韓國國產紅茶便漸漸式微。1988年起，韓國國產綠茶的生產量超越了紅茶。

　　韓國現在仍有使用國產茶葉生產的紅茶。大韓製茶的寶城紅茶，梅巖製茶園、夢中山茶園、大采茶園、高麗茶園等許多茶園，至今仍以製作出湯色清透鮮紅、香氣柔和的紅茶為目標，持續地生產紅茶。

　　另一方面，為了活化韓國國產茶產業，並促進消費，國家或民間都有許多人默默努力著。全羅南道農業技術院在2012年舉辦國際農業博覽會，大力推廣自行開發出的有機紅茶，並獲得極大好評。民營的梅巖茶文化博物館則是開設紅茶製茶教室，舉辦紅茶製茶教育課程及體驗活動。期待未來韓國國產紅茶產業更加蓬勃發展。

## 致謝

◆ 誠摯感謝所有協助本書取材及攝影的朋友、團體及機關。


◆ 首爾紅茶專賣店tieris（http://www.tieris.com）
◆ 首爾仁寺洞 古典文化館（http://www.wellbeingtea.net）
◆ 首爾中浪區 韓國茶文化協會東部支部（http://cafe.daum.net/g-tea）
◆ 首爾東仙洞 茶生活研究院（茶友三昧）（http://cafe.naver.com/tnlife）
◆ 大田內洞 保林茶禮院（http://cafe.daum.net/teawastory）
◆ 大田老隱洞 紅茶專賣店 Garden of Spring（https://blog.naver.com/ibonita）
◆ 京畿道富川市 歐洲瓷器博物館（http://www.bcmuseum.or.kr）
◆ 河東 梅巖茶文化博物館（http://www.tea-maeam.com）
◆ 印度大吉嶺 Singell Tea Estate, Makaibari Tea Estate, Goomtee Tea Estate, Happy Valley Tea Estate, Castleton Tea Estate
◆ 印度阿薩姆 Sonaguri Tea factory, Kaziranga Resort Tea Garden, Diffloo , Tea Estate, Amalgamated Tea Estate
◆ 印度德里 Vasant mantri Pekoe international Top quality Tea
◆ 印度蒙納 Ripple Tea Museum, Tea valley Resort
◆ 台灣南投縣政府觀光課，南投縣漁池鄉農會，行政院農委會茶業改良場 漁池分場，竹映茗茶，日月老茶廠，森林紅茶，Smith&hsu


◆ 感謝一起踏上印度紅茶莊園之旅的旅伴：선업 스님，보영 스님，백비 스님，이광용，이광희，이막동，홍소진，정연경，김정숙，백순화，황유연，문기영，여진숙，이정호 님。
◆ 感謝協助安排台灣紅茶茶園探訪之旅的羅玉州、葉振偉、蔡昇樺、葉金龍、黃亞力。


## 照片提供

◆ 印度Dhananjay Roy, Singil tea mr. Husain/김태연,강수영,손원문/京畿道富川市歐洲瓷器博物館

## 參考書目

◆ 《차의 세계사》，베아트리스 호헤네거 지음，조미라、김라현 옮김，열린세상，2012。
◆ 《홍차의 세계사, 그림으로 읽다》，이소부치 다케시 지음，강승희 옮김，글항아리，2010。
◆ 《티소믈리에 가이드 1、2》，프랑수와 사비에르 델마스，마티 미네 외 지음，한국티소믈리에연구원，2013。
◆ 《나만의 블렌드티가 있는 홍차가게》，이소부치 다케시 지음，은수 옮김，알에이치코리아，2010。
◆ 《홍차 이야기》，정은희 지음，살림，2007。
◆ 《중국차의 세계》，김경우 지음，월간다도，2008。
◆ 《녹차문화 홍차문화》，츠노야마 사가에 지음，서은미 옮김，예문서원，2001。
◆ 《홍차를 만나는 여행》，서지연 지음，형설라이프，2009。
◆ 《역사 한 잔 하실까요?（여섯 가지 음료로 읽는 세계사 이야기）》，톰 스탠디지 지음，차재호 옮김，세종서적，2006。
◆ 《기호품의 역사》，볼프강 쉬벨부시 지음，이병련 옮김，한마당，2000。
◆ 《TEA COMPANION》，Jane Pettigrew & Bruce Richardson，Benjamin Press，2008。
◆ 《紅茶の科書》，磯淵猛，新星出版社，2009。
◆ 《紅茶事典》，磯淵猛，新星出版社，2008。
◆ 《紅茶の基礎知識》，枻出版編輯部，枻出版社，2011。
◆ 《紅茶コーディネーター養成講座》，磯淵猛，あるて出版，2009。
◆ 《The Book of Tea》，Anthony Burgess，Flammarion，1991。